SHENMI
DE TAIKONG
SHIJIE CONGSHU

神秘的太空世界丛书

飞向宇宙

刘芳 主编

时代出版传媒股份有限公司

安徽文艺出版社

图书在版编目（CIP）数据

飞向宇宙 / 刘芳主编. — 合肥：安徽文艺出版社，
2012.2（2024.1重印）

（时代馆书系·神秘的太空世界丛书）

ISBN 978-7-5396-3976-5

Ⅰ. ①飞… Ⅱ. ①刘… Ⅲ. ①空间探索－青年读物②
空间探索－少年读物 Ⅳ. ①V11-49

中国版本图书馆 CIP 数据核字 (2011) 第 247294 号

飞向宇宙

FEIXIANG YUZHOU

出 版 人：朱寒冬

责任编辑：宋潇婧　　　　　　　装帧设计：三棵树　文艺

出版发行：安徽文艺出版社　　www.awpub.com
地　　址：合肥市翡翠路 1118 号　　邮政编码：230071
营 销 部：(0551)3533889
印　　制：唐山富达印务有限公司　电话：(022)69381830

开本：700×1000　1/16　印张：11　字数：163 千字
版次：2012 年 2 月第 1 版
印次：2024 年 1 月第 3 次印刷
定价：48.00 元

前 言

PREFACE

在汉语中，"宇"代表上下四方，即无限空间；"宙"代表古往今来，即无限时间。把"宇宙"的概念与时间和空间联系在一起，体现了我国古代人民的智慧。

远古时代，人们对宇宙结构的认识处于十分幼稚的状态，他们通常按照自己的生活环境对宇宙的构造作了幼稚的推测。在中国西周时期，生活在华夏大地上的人们提出的早期盖天说认为，天穹像一口锅，倒扣在平坦的大地上。古埃及人把宇宙想象成以天为盒盖、大地为盒底的大盒子，大地的中央则是尼罗河。公元前7世纪末，古希腊的泰勒斯认为，大地是浮在水面上的巨大圆盘，上面笼罩着拱形的天穹。

现代科学认为宇宙是由空间、时间、物质和能量所构成的统一体。根据宇宙大爆炸理论推算，宇宙年龄大约150亿年。当代天文学的研究成果表明，宇宙是有层次结构的、像布一样的、不断膨胀、物质形态多样的、不断运动发展的天体系统。

神秘的宇宙空间一直吸引着人类的好奇心，激起他们探索的兴趣。

1957年10月4日，苏联第一颗人造卫星上天，拉开了人类航天时代的序幕。1961年4月12日，苏联宇航员加加林乘坐苏联"东方"号飞船，环绕地球飞行了一圈，历时近两个小时，成为第一位进入太空的人。1969年7月16日发射的"阿波罗11"号飞向月球，阿姆斯特朗成为第一个登上月球的人。

美国于1977年发射的"旅行者1"号和"旅行者2"号探测器，则各自带有一套"地球之声"的光盘，唱片上有照片、60种语言的问候语、35种各类地球上的声音和音乐。它们作为地球的名片希望有朝一日能被"外星人"

收到。

曾经，航天领域似乎只是苏美两国的专利。然而在当今世界探索太空已呈现多极化趋势。从月球到火星再到其他行星的探测，中国、印度、日本、欧盟、巴西的身影不断涌现，有的自起炉灶，有的合纵连横，一时间，太空探索风起云涌。这里，有着国家实力显示的心理，有着探索宇宙的初衷，更有着促进经济科技发展的需要。

飞向宇宙，探索太空的奥秘，具有极其深远的意义，它有助于我们了解宇宙演化及其中的各种物理现象和过程，了解人类和地球生物在宇宙中的地位及意义，发展各种太空技术并将其运用到各个领域，利用太空的极端环境进行各种科学和技术试验进而获得新的材料和药物，寻找新的能源以解决能源危机，开拓新的生存空间减轻地球压力，寻找外星生命让地球人不再孤独……

目 录

古往今来梦飞天

中国古人的飞天梦 ………………………………… 2

载人飞行的魔毯 …………………………………… 4

人类最早的飞行器——风筝 ……………………… 5

中国古代的火箭 …………………………………… 6

寻找打开天门的"金钥匙" ……………………… 7

载人航天四大关键技术 …………………………… 9

空间站的现状与展望 ……………………………… 13

建造月球基地 ……………………………………… 15

移居火星之梦 ……………………………………… 19

移民太空的狂想 …………………………………… 22

航天飞机"挑战者"爆炸 ………………………… 25

"哥伦比亚"号失事 ……………………………… 28

飞向宇宙的"推手"——火箭

火箭的结构组成 …………………………………… 31

火箭的飞行原理 …………………………………… 36

火箭的发射程序 …………………………………… 37

火箭的发射方式 …………………………………… 39

运载火箭家族 ……………………………………… 41

世界著名运载火箭 ………………………………… 44

遨游太空的宇宙飞船

第一个载人飞天的"东方1"号飞船 ·················· 55

苏联屡获第一的"上升"号飞船 ·················· 55

苏联第三代载人飞船系列——"联盟"号 ·················· 57

美国第一代载人飞船系列——"水星"号 ·················· 59

美国第二代载人飞船系列——"双子星座"号 ·················· 60

首次光临月球的"阿波罗"号飞船 ·················· 62

中国的"神舟7"号载人飞船 ·················· 63

来去自由的航天飞机

揭秘航天飞机的结构 ·················· 70

航天飞机的飞行原理与特点 ·················· 73

美国与苏联航天飞机一览 ·················· 76

美国航天飞机大事记 ·················· 82

未来航天飞机大猜想 ·················· 84

飞向宇宙的先行者

第一个进入太空的人——加加林 ·················· 87

人类第一位女宇航员——捷列什科娃 ·················· 90

太空漫步第一人——列昂诺夫 ·················· 90

美国第一位太空人——艾伦·谢泼德 ·················· 92

第一个光临月球的人——阿姆斯特朗 ·················· 94

日本两进太空的宇航员——毛利卫 ·················· 96

法国第一位女宇航员——克洛迪·艾涅尔 ·················· 98

英国第一位宇航员——迪莫西·皮克 ·················· 101

进入太空的首位华人——王赣骏 ·················· 102

中国飞天第一人——杨利伟 ·················· 103

航天事业的幕后英雄

热气球发明者——蒙哥尔费兄弟 ·················· 108

滑翔机发明者——凯利和李林达尔 ·········· 109

飞机发明者——莱特兄弟 ··············· 110

中国首创飞行大家——冯如 ············· 112

人类宇航之父——齐奥尔科夫斯基 ········· 116

美国火箭之父——罗伯特·哥达德 ·········· 119

"阿波罗登月计划"灵魂人物——布劳恩 ······ 120

苏联的航天之父——科罗廖夫 ············ 124

航天理论的引路人——爱因斯坦 ··········· 126

中国航天之父——钱学森 ·············· 129

向宇宙进军的根据地

美国国家航空航天局 ················ 134

欧洲航天局 ····················· 138

发射场的选址条件 ················· 143

发射场的组成部分 ················· 146

世界著名发射场 ·················· 149

争先恐后的航天大国

捷足先登的苏联 ·················· 156

不甘落后的美国 ·················· 158

欧洲劲旅——英、法 ················ 160

势头强劲的日本 ·················· 160

正在崛起的中国 ·················· 161

不可小觑的印度 ·················· 163

古往今来梦飞天

GUWANGJINLAI MENG FEI TIAN

古往今来，飞离地球，遨游太空是全人类的梦想。在中国古代流传着"嫦娥奔月"的传说，在西方有关于飞毯的种种奇谈，人类用他们富有激情和超凡的想象力，描绘着那瑰丽绚烂的飞天梦。

1961年4月12日，苏联宇航员加加林第一次飞向宇宙空间，实现了全人类数千年的飞天梦想；1969年7月20日，美国宇航员阿姆斯特朗成为月球的第一位访客，震惊了全世界；2003年10月15日，中国宇航员杨利伟飞向太空，实现了炎黄子孙的飞天梦。

是梦就有成真也有破灭的时候，1986年1月28日，美国航天飞机"挑战者"号升空1分多钟后突然起火爆炸，机毁人亡，成为航天史上的一个噩梦。

然而噩梦不会阻止人类向宇宙空间进军的步伐，相反，为了获得更丰富的生活资源，开辟更广阔的生存空间，人类不仅在宇宙中建造了空间站，并且开始筹建月球基地，还有移民火星甚至别的星球的梦想。

中国古人的飞天梦

有关古人对宇宙和太空的认识，自古就充满了神秘色彩。当古人们目睹美丽的蓝天，面对奇异的星空时，他们创作出了许多极富想象力的神话与传说。这些神话与传说，不仅丰富了人类的社会文化生活，同时也孕育了后来的航空航天科学及实践。

我们知道，中国是世界文明古国之一，所创造的神话传说极为丰富，并且生动感人。它们有的是口头流传，有的记录在典籍中，有的反映在文学艺术作品中。

在我国，关于飞天的神话传说主要有：

《山海经》中的"人鸟一体"

在根据民间传说编著的《山海经》书中，有不少"人鸟一体"的怪异插图，如羽民国（羽民国在东南方，国民长着一颗像鸟一样长长的头，身上长满了羽毛）、人面鹗等。这些带有浓厚神秘色彩的怪异图，表达了古人想借飞鸟来实现飞行的愿望。

其中，最为人所津津乐道的是书中一幅名为"敦湖"的插图。据推测，它可能是古人通过对人、兽、鸟三者的比较认识到：人的头脑比飞禽走兽发达；而野兽的力气比人、鸟都大；飞行离不开翅膀，因而创造出人面、兽身、鸟翼三合一的敦湖图。

飞行器的基本要素：控制、动力和翼。人面代表高等智慧，相当于飞行器操纵、控制系统；兽身表示力大无穷，相当于飞行器的发动机；鸟翼象征展翅高飞，相当于飞行器的翼。可以说，"敦湖"是古人向往飞行，对人、兽、鸟三者的"部件"重新进行组合的最佳方案。

嫦娥奔月

嫦娥奔月是在我国流传最广的神话故事之一。它说的是后羿从西天王母娘娘那里求得"不死之药"，想着夫妻分吃，如此可以长生不老。谁知后羿的妻子嫦娥竟然偷着一人吃了，结果她不由自主地飞上天空，一直升到月宫里。

这不仅是航空神话，而且也是航天神话。这说明古代的中国人，不仅有航空的理想，甚至还有登上月球、征服宇宙的愿望。

屈原的飞龙车

我国战国时期的伟大诗人屈原（约公元前340—前278年）在《离骚》中便曾想象自己驾着由飞龙拉着的车，在天上飞行。朵朵云彩就像一面面旗帜，在他车旁迎风飘扬；而凤凰一边唱着歌，一边随他在空中飞翔。他飞过巍峨的昆仑山，飞过一望无际的流沙河，最后到达天边的西海。

飞天伎乐

我国甘肃敦煌壁画中的飞天，其职能是侍奉佛陀和天帝释，因能歌善舞，周身还散发着香气，所以又叫香音神或飞天伎乐。按佛经的描述，飞天的形象似人非人，头上长角，并不美。但经过艺术家之手，却成了形貌俊美的天男天女。这些生动活泼、千姿百态的飞天，身披天衣，环绕彩带，飞腾之状犹如游龙翔凤，彩云飘扬。这是人们向往飞行的又一种表现形式。

飞天壁画

汤王的回赠

传说，成汤时期，西方有个奇肱国。奇肱国的人都是独臂，但心灵手巧，会猎取飞禽，还会制造飞车。人乘坐飞车可以快速飞到很远的地方去。

有一次刮西风，把奇肱国的人和飞车刮到了汤的国都豫州。汤王把独臂人和飞车的到来视为不祥之兆，于是把飞车给毁了。过后，汤王觉得失礼，遂令工匠复制奇肱飞车。过了10年，有一次刮东风，又把奇肱国人和飞车刮了回去。

"嫦娥1"号

"嫦娥1"号是中国自主研制并发射的首个月球探测器，由卫星平台和有效载荷两大部分组成，主要用于获取月球表面三维影像、分析月球表面有关物质元素的分布特点、探测月壤厚度、探测地月空间环境等。

"嫦娥1"号月球探测卫星于2007年10月24日在西昌卫星发射中心由"长征3号甲"运载火箭发射升空。"嫦娥1"号发射成功，中国成为世界上第五个发射月球探测器的国家。

"嫦娥1"号经过8次变轨后，于11月7日正式进入工作轨道。11月18日卫星转为对月定向姿态，11月20日开始传回探测数据。2009年3月1日16时13分，"嫦娥1"号卫星在控制下成功撞击月球，为我国月球探测的一期工程，画上了圆满句号。

载人飞行的魔毯

有关飞毯的最早的故事出现在所罗门王的时代。所罗门王是大卫和拔示巴的儿子，所罗门王被认为是传统以色列最为伟大的国王。根据《旧约》国王篇，他既是一位富有经验的政治家，同时也是一位残暴凶猛的武士。他打退了埃及的敌人并一直从那里打到了伊拉克的幼发拉底河。作为一个非常少见的聪明、正直的国王，他很喜欢美丽的东西，他写下了动人的诗篇，还建造了叹为观止的宫殿与寺庙。

所罗门王的功勋是如此辉煌以至于在他死后，很多犹太作家和伊斯兰作家都相信他是一个非常杰出的魔法师。在伊斯兰教的《古兰经》中，宣称所罗门可以"说鸟的语言"，能够指挥天使和魔鬼，而且他"拥有所有的好品质"。后来，阿拉伯作家更进一步给予了这名以色列国王"魔力之王"的称号，说他可以控制风，骑在一条神奇的飞毯上到达世界上的任何地方。

显然，所罗门神奇的飞毯后来成为很多阿拉伯民间故事中提到的飞毯的灵感来源。例如在《天方夜谭》"阿赫默德王子和神仙帕瑞般多"的故事中，就有飞毯出现。一位名叫哈桑的年轻王子不小心被一条神奇的毯子绊倒，这块毯子能够把主人带到世界上任何他想去的地方。有了这块飞毯，当哈桑得知远隔百里的、自己心爱的公主马上就要死了的时候，借助这块飞毯，哈桑马上把一个神奇的苹果送到了公主的身边，挽救了她的生命。

也许是因为直到19世纪，欧洲和北美人才开始使用地毯的缘故，在西方的神话和民间故事中飞毯从来没有扮演过重要角色（实际上，很多西方人错误地把飞毯与阿拉丁的故事结合起来。在阿拉丁的故事中其实根本没有出现飞毯）。与飞翔的毯子不同，西方魔法师和英雄人物通常需要借助外力，一个飘浮着的东西才能飞起来，比如带翅膀的拖鞋或盘旋在空中的手提箱以及巨大的玻璃电梯等。在一个很著名的美国儿童故事中，能飞的东

神奇的飞毯

西竟然是沙发！当然，除此以外还有飞天扫帚。例如哈利·波特非常喜欢的"光轮2000"，它可以在魁地奇比赛中绕着任何飘浮的飞球转圈。但是飞天扫帚多数都只能乘坐一个人。如果哈利也有所罗门王手下的军队的话（或者在与秋·张约会的时候），他也许只能去借韦斯莱先生的那部飞行汽车的钥匙了。

人类最早的飞行器——风筝

说起风筝，迄今已有2000多年的历史了，可谓是源远流长、历史悠久。世界上一致公认，中国是风筝的故乡。

风筝又称纸鸢（yuān），也有人称鹞（yào）子。相传，中国最早的风筝是由古代哲学家墨翟制造的，可是他"斫木为鹞，三年而成，飞一日而败"。后来，墨子的学生公输班（也称鲁班），用竹木为材制成了会飞的"木鹊"。人们就仿照他的技法，用各种颜色的纸或者绢代替木头，做成"纸鸢"来放飞。五代时期的李邺（yè），曾在官中以线放纸鸢为游戏，又别出心裁地在鸢的头部安装竹笛，风入竹哨，发出像古筝一样的响声，因此得名"风筝"。

世界上最早的飞行器——风筝

风筝不单是一种玩具，它还有很多的用途呢！古代的人们曾经在军事上利用风筝传送战争情报，作为信号鼓舞士气，还用它载过人。在历史上把风筝与军事巧妙地结合在一起并书写传奇的是汉朝著名的大将军韩信。

据说楚汉战争期间，韩信率10万大军把项羽围困在垓下，此时项羽的40万大军已经所剩无几。为了瓦解项羽的军心，韩信用竹木和丝绸赶制了一只大风筝，上面绑有竹笛，让一个身轻的人坐在风筝上，乘着夜风悄悄来到楚营上空，配合汉军唱起了凄凉宛转的楚歌。楚国的8000子弟兵听到歌声后，思乡心切，士气低落，因此不战而溃。项羽也在乌江畔自刎而死，汉军最终赢得了胜利。这就是著名的"四面楚歌"的典故。

我国风筝的发明，对后来的世界科学技术和航空事业的发展产生了深远的影响。美国科学家富兰克林曾用风筝挂上一只铁钥匙，在雷电交加时，把风筝送上天，引来雷电，从而证明了雷电也是一种放电现象，避雷针也由此发明。1899年，美国的莱特兄弟制作了一个双身的风筝，用来观察它在空中的翻滚动作和如何借助空气的浮力由下旋转向上升，从而发明了机翼，并在此基础上于1903年发明制造了世界上第一架真正的用内燃机作动力的飞机。后来人们将风筝广泛用于航空、天文、气象、电视卫星转播、无线电发报等领域，就连英国建筑师架悬桥时也曾借助了风筝的力量。因此，在美国华盛顿宇航博物馆的大厅里挂着一只中国风筝，在它边上写着："人类最早的飞行器是中国的风筝和火箭。"

中国古代的火箭

古代火箭可以说是中国古代火药衍生出的最重要的火器，与现代火箭基础原理基本相同，当然现代火箭的技术要复杂得多得多，不可同日而语。

提起火箭，值得我们自豪的是，世界上最早的火箭就是由我们中国人发明的。当然，那时的火箭和我们现在所说的火箭是不同的。那时的火箭是在普通的箭上安上火药，使它飞行的距离更远。

火箭这个名字也是我们的祖先起的，火箭最早出现在三国时期，那时的人们利用火箭作为战争的武器。而到了唐朝和宋朝，对火箭的构想则已经有了文字的记载。

据《宋史》等史书记载，公元970年，北宋军官冯继和岳义方曾经向宋太祖赵匡胤呈献火箭的图纸。

后来，随着战争的发展，大量以火药为基础的武器开始在战争舞台上崭露头角。堪称古代武器大全的《武备志》上就记载了几十种以火箭作为动力的武器，其中"火龙出水"可以说是二级火箭的雏形，而"飞空砂筒"则可以说是反推火箭的雏形。

古人不仅成功地将火箭用于古代战争中，而且他们还创造性地将火箭与千百年来一直存在于人类心中的"飞天"之梦联系起来，于是就出现了人类历史上第一个飞向太空的勇敢者。

在我国14世纪末的明朝，有一个叫万户的人，他就是一位大胆而天才的尝试者。他制作了一个特殊的大椅子，在椅子周围绑上了47枚火箭，然后叫人把他绑在椅子上，手里拿着两个大风筝，像大鸟的两个翅膀，再叫人点燃火箭，希望像鸟儿一样飞向太空。其结果可想而知，这位勇士没有能够飞上太空，而且还献出了宝贵的生命。万户虽然没有成功，但是他是敢于向太空挑战的第一人，人们并没有忘记他。为了纪念他的聪明智慧和勇敢的精神，20世纪60年代，国际天文联合会把月球表面东方海附近的一座环形山命名为"万户山"。

寻找打开天门的"金钥匙"

向往宇宙是人类自古以来的梦想，嫦娥奔月、女娲补天和牛郎织女天河相会等美丽神话，均在某种程度上反映了这种愿望。但面对紧闭的"天门"，人们却一直苦于找不到"金钥匙"。

17 世纪以后，伽利略—牛顿力学和麦克斯韦电磁学等科学理论和技术实践蓬勃发展，使更多的人了解到，是地球的强大引力把人类束缚在地球上。而速度则是战胜引力的法宝，只有获得宇宙速度，才能摆脱地球引力的禁锢。

在欧洲，随着工业革命的兴起，从中国传入的火箭技术得到了发展。19 世纪初，英国炮兵军官康格利夫研制的火箭武器，射程达 2700 米。在科学技术蓬勃发展的欧洲，一批科学家开始着力研究宇宙航行问题。

更有一批科幻小说家捷足先登，他们以丰富的想象力，把人们带进了茫茫太空。这些科学家和科幻作家似乎被一个共同的灯塔所指引，殊途同归地逐渐把目光对准了具有反作用推进、能自主飞行的火箭。俄国人齐奥尔科夫斯基在 1903 年发表的论文中，首先从理论上证明，多级火箭可以使物体达到逃离地球的速度，又由于火箭能在真空中工作，因此火箭可以作为宇宙航行的运载工具。他还指出，由于黑色火药性能差，巨大的火箭应该用液氢、液氧作推进剂。因当时还不可能生产液氢，他就设计了使用液氧和煤油的发动机。

循着这条思路，一批欧美科学家潜心致力于火箭研究，他们还进一步集合起来，成立宇宙航行协会、火箭学会之类的组织，大力推动火箭事业的发展。

宇宙速度

人类的航天活动，并不是一味地要逃离地球。特别是当前的应用航天器，需要绕地球飞行，即让航天器做圆周运动。我们知道，必须始终有一个与离心力大小相等、方向相反的力作用在航天器上。在这里，我们正好可以利用地球的引力。因为地球对物体的引力，正好与物体做曲线运动的离心力方向相反。经过计算，在地面上，物体的运动速度达到 7.9 千米/秒时，这个速度被称为环绕速度。这种使物体绕地球做圆周运动的速度也被称为第一宇宙速度；当物体达到 11.2 千米/秒的运动速度时能摆脱地球引力的束缚，这个速度叫第二宇宙速度；当物体的运动速度达到 16.7 千米/秒而摆脱太阳引力束缚时，这个速度叫第三宇宙速度。

载人航天四大关键技术

第一大关键：运载火箭

众所周知，载人航天是人类利用航天器在外层空间的飞行活动。外层空间是无氧气的近似真空的环境，要想克服地球引力而将航天器送出大气层，就必须依靠推力极大、载荷能力极强的运载火箭来完成。运载火箭与在空气中飞行的飞机不同，它不是靠空气中的氧气作氧化剂，而是靠自身携带的氧化剂与燃烧剂作火箭动力来源的。火箭可以在大气层内和大气层之外的太空中飞行，它的飞行原理是利用火箭发动机进行化学燃烧时产生高温高速喷射气体的反作用力而将火箭推向前方。这种推动火箭向前飞行的力叫"推力"。在真空中，火箭的推力要比在大气层中大15%左右。通过推进剂燃烧产生的"推力"可以使火箭获得巨大的速度，长时间喷射气体，火箭就会不断加速。

实践证明：仅靠一枚火箭的推力是无法将载人飞船或其他类型的航天器送到宇宙空间的。因为靠一枚火箭是不可能一下子就将航天器的速度增至11.2千米/秒（即第二宇宙速度），从而摆脱地球引力逃离地球的。实践经验告诉我们，必须使用多级火箭逐渐加速的方法才能实现载人航天。因为，要想把重达几吨甚至几十吨的载人飞船或航天飞机、空间站送上宇宙空间（还要考虑到火箭的自身重量），不仅需要有极大的推力，同时也要有极高的速度才能完成。此外，火箭启动速度过高，会使人遭受到极高的加速度，它会导致航天员死亡。那么，怎么办呢？为解决上述问题，既让火箭的推力和速度达到脱离地球引力，又让航天员不遭受过高的加速度，于是科学家想到采用多级火箭"接力"的办法。

所谓多级火箭就是将几枚火箭串接起来，在第一级火箭上接上第二级火箭，就称为二级式火箭；再在二级火箭上接上第三级火箭，称作三级式火箭。

当第一级火箭加速到4千米/秒的速度时，第二级火箭燃烧，加速到8千米/秒的速度（就是达到了环绕地球飞行而不被地球引力吸下来的7.9千米/秒的第一宇宙速度）；第三级火箭点火燃烧后，又增加了4千米/秒的速度，于是速度达到了12千米/秒（即达到了摆脱地球引力，飞向太阳系的其他星球的第二宇宙速度）。如果要飞出太阳系，那么就要有四级式火箭，使它的速度达到 16.7 千米/秒的第三宇宙速度。这样，人类就实现宇宙航行的自由了。每一级火箭的燃料用完后，那一级火箭就被甩掉，火箭重量逐渐减轻，速度不断加快。用这种多级火箭方式，就可以发射载人飞船或其他类型的载人航天器。

那么，多级火箭是如何设计的？它的结构如何呢？

目前，发射载人航天器的火箭，通常采用三级式火箭，三级火箭中第二级比第三级大得多，而第一级则更大。发射几吨重的人造飞船，第一级火箭应是几百吨甚至几千吨重的庞然大物。

那么，运载火箭的各级是如何安排的呢？

宇宙运载火箭的排列一般是：最底部为一级火箭，二级火箭居中，三级火箭居上。载人航天器则放在三级火箭的顶部。迄今制成的最大的宇宙运载火箭是美国的"土星5"号，共有三级，全长110米，直径达10.1米，起飞重量2950吨，它的总推力将近4000吨，三级火箭内共装有近5000万升推进剂，用它可以发射126吨的巨大人造航天器。它曾经把高25米、重45吨、直径10米的"阿波罗11"号飞船送往月球；而苏联的"G—1—E"运载火箭高102米，载重量可达161吨。中国研制的"长征"系列火箭，有多级、捆绑式等结构，它使用不同推进剂，能产生不同推力，可发射高、中、低不同轨道的各类卫星和航天器。

第二大关键：载人航天器

运载火箭是解决载人航天的第一大关键技术，它可以保障航天器脱离地球引力，将航天器送出大气层而进入太空轨道。进入太空后，就是十分严峻的宇宙环境（无氧、强辐射和高真空），因此，制作具备先进设施的载人航天器是第二大关键技术。除了需要材料、能源、通信、控制等技术先进外，还必须具备保证航天员生命安全的系统。在航天器中，科学家们为航天员设计了一个密闭座舱，里面有很好的人工环境。

载人航天器的宇宙密闭舱由轻而坚硬的金属制成，舱体的外壳包有绝热材料，可防止舱体在大气层内飞行时产生的气动力热传入舱内；舱内装有带缓冲装置的乘员坐椅；有各种电子设备、仪表及航天员救生与生活装备；舱壁两侧有供航天员观察星空与地球的舷窗（舷窗具有防强光、防紫外线及防辐射的能力）。为防护外界恶劣环境和保证航天员生命安全，这种密闭舱与外界完全隔绝，舱内提供了由人工控制的环境控制与生命保障系统，使舱内的压力、空气成分与地球上相似，并提供了符合人生理需求的温度与湿度条件，航天员能安全和方便地在其中生活与工作。

航天器示意图

此外，舱内还设有清除污染物质的设备，以保持舱内空气新鲜。水与食品是人类生存的必需条件，生活在宇宙空间的航天员，需要从地面携带食品、部分饮食用水和卫生用水。有了密闭座舱和保持航天员生存的各种条件与设备，人类就具备了进入宇宙空间的条件。

另外，载人航天器中还设有与地面控制中心联系的通信系统，有自动驾驶和手动驾驶仪器，有各种各样的仪表……总之，载人航天器要比最先进的飞机复杂得多。所以，研制出先进的各类用途的航天器是载人航天的第二大关键技术。

第三大关键：太空安全与人身保障系统

极其贵重的航天服

载人航天除具备前述两项关键技术外，第三项关键技术就是太空安全与人身保障系统。除密闭舱中的安全措施外，太空安全与人身保障系统就是宇航服和故障逃逸系统。

在载人飞船中只有密闭舱还是不够的。因为宇宙飞行（航天探宇）的目的是进行探险与开发地外资源，要进行太空作业，登足外星，航天员就不能永远待在密闭舱中。如果航

天员在航天飞行中想走出密闭舱，不采取特殊防护措施是不行的。为此，科学家设计了一种能保护航天员免受低压危险并能到密闭舱外从事宇宙空间活动的特殊的装置，即宇航用的航天压力服。

航天服是世界上最昂贵的服装，每件达上百万美元，有的价值上千万美元。

人身安全和生命保障系统的另一种设施便是弹射椅和逃逸塔。这两种设施是用于出现故障和紧急情况时逃离危险现场或飞行器的。在正常返回地面时，这两种设施在某些程序段也是有用的。这是与航天员的人身安全紧密相关的。弹射椅是早期所采用的救生系统，而逃逸塔是后期发展起来的救生系统。使用逃逸塔比弹射椅更加安全，但设备技术也更复杂些。

第四大关键：航天测控与返回

载人航天的第四大关键技术就是测控技术和返回式航天器的回收技术。当航天器被运载火箭从发射场发射升空之后，还必须完成入轨、变轨、飞行、返回、再入等阶段的任务和采用登陆舱与轨道上的指令舱对接、返回等任务。这些阶段的飞行和任务完成都是在地面控制中心控制下，天上、地下联手合作完成的。这就需要有跟踪、测量、监视、控制以及与航天器上的航天员通信联络等技术手段来保障。这些任务是通过地面测控站（网）来完成的。地面测控站可设在飞行器经过的陆上地区、海岛上、海上测量船上，并利用空中的中继通信卫星构成海、陆、空三维立体测控网。

载人航天或返回式卫星（含动物实验卫星等）都需要安全可靠的回收技术，包括：航天器再入技术、降落技术、救援技术（降落救援和医疗救援）、最后是地面疗养。这些内容不仅涉及航天、航空知识，而且还包括医疗保健、人体科学、药学、通信学、控制学、海洋学等多学科领域。如果是太空农业、工业、电子学试验卫星回收，还要涉及农业、工业、电子学等知识领域。如果是载人登月、登陆外星飞行器回收，必然要有外星的土壤、岩石标本的采集与分析，这就涉及微生物学、宇宙学、天体物理学、考古学等更广阔的领域……如此说来，载人航天事业确实是不同寻常的事业，是一个国家高科技实力的综合体现。

空间站的现状与展望

国际空间站建设的意义

由于载人飞船和航天飞机工作空间和飞行时间有限，科学家们就追求一种能在近地轨道上长时间运行、可供多名航天员在其中生活并承担多种复杂任务的航天器，结果促成了空间站的诞生和发展。空间站亦称人造天宫，其特点是体积较大，在轨运行时间很长，功能齐全，可利用太空特殊环境开展一系列的科学研究，能完成对地监测、资源勘察、天气预报、天文观测以及释放人造天体等任务。因为空间站不返回地面，站上航天员的接送和物资补给由宇宙飞船或航天飞机承担。

鉴于建设大型空间站的重要性和技术复杂性，考虑到经费巨大等因素，1988年9月22日，美国、俄罗斯、欧洲空间局11个成员国、日本、加拿大和巴西16国达成共建国际空间站的协议，并从20世纪90年代中期开始这一项目的合作。从此国际空间站就成为引人注目的航天工程。

国际空间站由基础构架、12个舱段、多个太阳能电池板等组件构成，总质量约4536吨，长108米，宽88米，运行轨道高度为397千米，可容纳7名航天员长期居住和工作，最多时可接待15人同时进行科学考察，设计寿命为15年。载人舱内的气压与地球表面相同，其容积约1217立方米。它将分设6大试验室，能够提供以往任何航天器都无法比拟的研究空间，是在太空进行微重力试验和科学研究的大型平台。它乃是国际载人航天技术发展史上一个新的里程碑。

整个国际空间站的建设，最早计划于2004年建成，后来多次更改计划，致使完成时间一再后移。首次更改定为2005年，第二次更改定为2008年，第三次更改定为2010年。在此过程中，其建设经费也在原定的830亿美元的基础上不断追加，最终确定为1140亿美元。按照原来安排，为把各组件送入轨道进行对接，仅英国航天飞机和俄罗斯载人飞船就要分别升空34次和9次，航天员们要通过114次共计1800小时的太空行走才能将其组装起来。

国际空间站的建设状况

根据建设国际空间站的协定,1995—1998 年,美国航天飞机和俄罗斯"和平"号空间站进行了 9 次太空对接和联袂飞行,两国航天员开展了一系列科学试验和多次太空行走,为组装国际空间站积累了经验。

在完成上述准备工作之后,就开始了在轨道上对国际空间站进行组装。1998 年 11 月 20 日,俄制"曙光"号多功能货舱由质子 K 运载火箭从哈萨克斯坦拜科努尔发射场发射升空,标志着国际空间站正式动工开建。该舱呈圆柱形,直径 4 米,长度 13 米,质量 24 吨,装有导航、通信、姿控、气候环境调节等设备。它在国际空间站建造初期可以提供足够的电源和动力,成为全站的主体舱。"曙光"号能在轨道上改变方向,以实现与其他舱段的对接,其舱内还能存放一些研制装置。

同年 12 月 6 日,"奋进"号航天飞机将国际空间站第 2 个组件"团结"号节点舱携带升空,开始第一次装配作业。美制"团结"号近似圆柱体,直径 4.6 米,长度 10 米,质量 13 吨,设有 6 个对接舱门。"奋进"号追上"曙光"号多功能舱后,机上航天员利用机械臂抓住后者,继而通过 3 次太空行走将"团结"号节点舱与"曙光"号对接在一起,并完成空气输送管道和通信系统的连接工作。美俄两国的 6 名航天员成为最早在国际空间站上活动的人们。完成任务后,他们即乘航天飞机返回地面。

2000 年 7 月 12 日,俄制"星辰"号服务舱发射升空,并于 7 月 26 日在轨道上与"曙光"号和"团结"号联合体对接成功。这个服务舱包括 4 个密封舱室和 1 个非密封舱室,长度 13 米,宽为 30 米,质量 20 吨。它是国际空间站航天员的主要工作区和生活区,既装有生命保障系统,又装有轨道姿态控制系统及能量保证系统等。这样一来,对接的 3 个舱段和辅助设备就组成了质量为 73 吨、运行在 397 千米高度上、倾角为 51.6°的轨道上的太空联合体,每 90 分钟环绕地球一周,使国际空间站具备了接待航天员居住和工作的基本条件。

2000 年 10 月 31 日,俄"联盟 TM31"号载人飞船发射升空,于 2 天后的 11 月 2 日在太空与国际空间站对接成功,1 名美国航天员威廉·谢菲尔德和 2 名俄罗斯航天员吉津科、克里卡廖夫进站工作,成为该站接待的第 1 个国际长期考察组成员。自那时以来至 2003 年 5 月初,已有 6 个国际考察组的 18 名航天员到站上工作过。前5个考察组都是分别乘坐"联盟TM"号飞船和航天飞机往返的，第6个考察组则是搭载"联盟TMA1"号飞船往返的。"联盟TM"号或"TMA"号飞船除运送人员外，还是国际空间站上的救生航天器，平时总有一艘对接在站上，约每五六个月轮换1次。

2003年4月28日，载有第7个国际考察组的2名航天员马连琴科和卢杰的"联盟TMA2"号飞船，在太空与国际空间站对接成功。这2人上站之后，与第6个考察组的3名成员顺利地进行了工作交接。马连琴科和卢杰原本是定于2003年3月1日乘坐"阿特兰蒂斯"号航天飞机前往站上的，由于"哥伦比亚"号航天飞机于同年2月1日坠毁使所有航天飞机停飞，才不得已改乘"联盟TMA2"号飞船上站的。

在航天飞机停飞阶段，国际空间站上的人员接送全部改由"联盟TMA"号飞船负责。俄罗斯出于经济上的困难，为了减轻站上饮水和食品供应的压力，将原来一组3名航天员改为2名，间歇性地搭载一名太空游客，以赚取每次2000万美元的收费。这就是第7个考察组比以前6个考察组都少一人的原因，也是后来的考察组都是由2人组成的缘由。2005年7月26日航天飞机恢复飞行之后，由于再未承担接送考察组人员的任务，故而此后的进站考察组均由2人组成。

2007年10月10日，俄罗斯发射了"联盟TMA2"号飞船，将第16个考察组2名成员送上太空。2天后飞船与国际空间站成功对接，俄航天员马连琴科和美国女航天员惠特森得以进站工作。47岁的生物化学家惠特森成为国际空间站首位女指令长。统计起来，不计临时上站工作的航天员和太空游客，国际空间站就接待了16个考察组38人次的航天员进站工作。

建造月球基地

月球基地是指人类在月球上建立的生活与工作区域。事实上，在月球上建立基地，主要有以下目的：

（1）更好地开展天文观测等科学活动；

（2）在月球上建立空间发电站供地球使用；

月球基地假想图

（3）开发月球各种矿物资源，为人类向更远的目标探索提供一个落脚点；

（4）为飞向更远的行星的飞船提供建造材料甚至提供推进剂；

（5）为更远的将来人类向月球移民打前站。

我们知道，向月球发射一艘宇宙飞船，代价已经十分高昂，建造月球基地将花费更大的成本。因此，到目前为止，月球基地还处在一般性探讨阶段。

建造月球基地与建造太空城市一样，对于普通人来说是一件不可思议的神奇事儿。但这件神奇的事儿却早已明确摆在了科学家面前，他们不仅对之进行了长期探索，而且正在准备进行具体实施。

美国是最先决定创建月球基地的国家。据悉，美国已决定耗资1000亿美元建立临时月球太空城。这一计划将分阶段进行。最初建立临时基地，人数从十几人逐步增加到数十人，他们将在月球进行矿物开采和冶炼试验，并为建造永久基地做准备。第二步计划建成中小型永久基地，人数增加到百余人，逐步形成从开采、冶炼到运输的整套生产系统。最后是在月球上建成一个可以容纳千人的月球城，各种类型的生产、生活、娱乐设施日趋完备，物资自给自足有余，还可以"出口"地球。

后英国一家杂志公布了美国的月球基地蓝图。该基地占地8000平方米，是一座圆形三层建筑物，直径64米，每层高4.5米。屋顶由混凝土建造，再覆以月球土，厚0.7—2.5米。墙壁分内外两部分，外墙6层，厚1.4米，内墙厚2.5米，内外墙中间夹0.7米厚的月球土，主要用于防宇宙射线、太阳风以及陨石的撞击。另外，建筑物中间还有一个圆形防空洞，一旦建筑物受损，大气外泄，人可以躲入其中避难。

与此同时，日本由未来工程学研究所牵头，召集能代表日本水平的大学、研究所以及20多家企业的技术专家，成立了"月球基地与月球资源开发研究会"，也提出了一份月球基地的建设蓝图。这一蓝图计划分为五个阶段实施。

第一阶段从 20 世纪末到 21 世纪初，主要对月球进行调查探测，用机器人为基地选址，绘制出月球资源分布图；

第二阶段从 2004 年开始，建设可供 6—8 人居住的直径为 6 米、长为 11 米的基地，人们可以不定期地在这里工作，时间为几天到几周；

2010—2020 年为第三阶段，基地扩大到可供 8—32 人居住，建成可防止阳光强烈辐射的保护装置，工作人员可在这里连续工作 3—12 个月；

2020—2030 年为第四阶段，基地进一步扩大，工作人员增至 64—125 人，居住时间长达 1—5 年，逐步解决氧气自给问题和农场建设问题；

2030 年以后进入第五阶段，基地做到完全自给自足，开始进行能源生产，月球和地球之间开辟定期航线，使月球基地成为人类在地球以外建立的第一个真正的太空居民点。

我们知道，人类要在月球表面正常生活居住，首先离不开必不可少的淡水和氧气，而月球上既没有水又没有空气。这怎么办呢？不过，科学家发现月球的沙土含有很多的氧，他们便提出了用月球沙土制造淡水和氧气的设想。这一设想是先用铲车自动挖掘月面的沙土，从中选出含氧的铁矿物，然后用氢使含氧铁矿物还原，便可制得淡水了。有了水，通电使水电解，得到的是氧气和氢气。氧气经液化贮存，随时可向基地居民供应。最初用作还原剂的氢可以从地球上运来，生产开始后电解水获得的氢即可循环使用。据估计，190 吨月球沙土含有 15—16 吨含氧铁矿物，可制得 1 吨氧气。而 1 年只需要生产 1 吨氧便可维持月球上 10 人生存的需要。

其次，人类要在月球自给自足系统中生活，还必须保证食物供应。食物从哪里来呢？近几年来，科学家在太空站上进行了大量的生物实验，先后培育出了 100 多种"太空植物"，其中包括小麦、玉米、燕麦、大豆、西红柿、萝卜、卷心菜、甜菜等。而且证明在太空失重条件下，在月球土壤中植物种子发芽率更高，生长更快，开花或抽穗时间更早。科学家还对一些动物进行了试验，证明失重状态不会影响新生命的诞生。在太空站里，果蝇能像在地球上一样交配、产卵、繁殖后代；蜜蜂会筑巢，蜂王照样生儿育女。送上飞船的 60 只鹌鹑蛋，返回地面后仍能孵化出小鹌鹑。在飞船上搁置了 59 天的鱼卵，回到地面全都顺利地孵出了鱼苗。哺乳动物也不例外，雌鼠、雄鼠放在笼子里送上太空，照样合欢同居，雌鼠照样受孕怀胎，回到地面后产下了第一代"太空鼠"。因而只要在月球上建立起月球农业和养殖业基地，月球上

人的食物来源是有充分保障的。

而研究表明，月球基地的能源供应更不成问题。因为月球上无风无雨，晴朗无阴，终日有阳光照射，而且没有大气吸收，太阳的辐射强度大约是地球上的1.5倍。因此，月球上完全可以利用太阳能来照明、供热、采暖、发电。当然，必要时还可以在月球上建立核电站，以保证基地能源的充足供应。

月球基地能否迅速地发展，完全取决于是不是有可能将开采的材料大量射离月面。这里需要一种称为物质驱动器的月球物质高效率发射装置。物质驱动器在不到160米长的轨道上将有效载荷加速到可摆脱月球引力的速度，即每秒2.31千米，连续不断将有效载荷射离月面，然后使脱离轨道的载荷朝着一定的方向准确地飞往空间某一位置，也就是月面上空60820千米，称为地月体系中的拉格朗日平衡点的地方。在那里再由一直径约9米的圆柱形接收器将其截获，停留平衡点的物质接收器可以耗能最少地进行工作，被截获的月球物质然后被缓缓送入高地球轨道的各用户。普林斯顿一实验室曾做了这种物质驱动器的模型，利用它运载工具被加速到1100个重力加速度，是航天飞机能达到的最高加速度的100倍。除了轨道长度和运载工具的质量外，模型和实物同样大小。导轨仅用一段，只有半米之长，是由20个驱动线圈组成的。启动后，运载工具从静止状态开始运行，以400千米/小时的速度飞出半米长的导轨。

目前，科学家已有设想要用一种类似汽车装配中的机器人那样的自动复制机，经过2年左右时间生产100多台月球物质驱动器，每年能把10万多吨的材料运输到空间工厂和各大型空间站。这样，在未来太空，将会出现一个全新的产业，人类将逐渐摆脱地球的羁绊。

而建立月球基地还要求研制一种能将人员和物资送往近地轨道以外太空去的轨道间运输飞船。它将在近地轨道和地球同步轨道间往返运送有效载荷，并将有效载荷运送到通向月球、小行星和行星的特定轨道上。1986年3月—7月期间，苏联的"联盟T—15"号飞船曾在"和平"号和"礼炮7"号两座空间站之间进行过往返穿梭飞行，进行人员和仪器设备的运输。但是，这仅是低轨道之间的空间运输。美国的航天飞机所能到达的高度也只限于近地轨道。所以，建造轨道间的运输飞船是将人员和货物送往空间站以外轨道的先决条件。

炼铝新工艺

月球表面上的铝是由称之为斜长石的复杂结构所组成。科学家经过反复试验与研究，提出了一套炼铝的新工艺。具体做法是：将月岩粉碎，在1700℃下加热熔化，然后在水中冷却，制成多质的球，再经粉碎，在其中加入100℃的硫酸，即可浸出铝。用离心分离法和过滤法除去硅化物后，再将它在900℃的温度下进行热解反应，得到氧化铝和硫酸钠的混合物。随后洗去硫酸钠并进行干燥，再与碳混合加热，同时加入氯气与之进行反应，生成了氯化铝，经过电解，获得最终产品——纯铝。

移居火星之梦

火星发现有水的确凿证据，使移居火星成为人们的热门话题。科学家们预期，只要借助基因改良的树木能制造出温室环境及提供氧气，人类在未来50年可以移居火星。

人类在外星球的建材需要符合廉价和容易使用的标准，只有树木是符合此两项标准而又为人们熟悉的。经过基因改良后，未来的树木在外太空任何有水和矿物质的地方都可以蓬勃地生长，从而制造出庞大的温室环境以供人类建屋居住。仅有基因改良的树木还不够，要想真正移居火星，人们还必须用勤劳和智慧的双手，把火星建设成为另一个人类家园。

人类到达火星后应落脚在什么地方？美国科学家选择的地点是跨越火星赤道、长约6400千米的巨大盆地中的"康多尔恰斯码—2"号地区，来自地球的移民将在那里建立永久性基地并不断扩建这个大本营。

火星虽然与地球有许多相似的地方，但它更接近月球，那里的自然条件还不适合人类生存。要使火星成为人类的另一个家园，必须对其进行一番改造。

为了提高火星上的温度，可在围绕火星的轨道上设置大型反射镜，将太阳光反射到火星上。同时在火星上建造工厂，生产能产生"温室效应"的各种气体以及臭氧，形成厚密的火星大气层，首先使酵母和细菌之类的简单生

命能够生存和繁殖，这样它们又可放出氧气，使复杂的生命能够生存和繁殖。在阳光反射镜产生大气层的"温室效应"使火星变暖以后，火星两极的冰帽和地表下面的冰层就会融化，于是又有水。这样，火星就会真正成为人类的另一个家园了。

日本科学家设想的火星基地预计在 21 世纪的后半期实现。基地计划建在卡塞峡谷旁边的平原上，附近有河流的遗迹。

宇宙射线无处不在，而长期大剂量地受到这种辐射，将使人生病甚至死亡。在地球上，由于有地球磁场的存在和大气层的保护，人类无需为此担忧。可火星的情况与地球大不一样，宇宙辐射非常强烈，如果人类打算移民火星，就必须找出应对办法。理论上讲，质量越小的物质防辐射能力越强。科学家们通过研究发现，液氢是目前可以得到的最好的防辐射剂，但由于路途遥远，把液氢直接带到火星上并不现实。所以科研人员退而求其次，开始尝试使用含氢的固体化合物。他们把聚乙烯和一种灰色土壤掺和在一起，然后倒入模具，经烘烤制成一块块黑色砖头。如果获得成功，届时宇航员可以带着聚乙烯上路，到达火星后再利用那里随处可得且取之不尽的表层土壤与之混合，烧制成砖。

火星基地周围还配置温室，在那里栽种植物。温室由塑料膜建成，内部充填 1/10 个大气压的空气。种植的农作物将有小麦、稻子、土豆、生菜、西红柿等。

火星基地用水可以从冻土层中利用"打井"的方式提取，如果能够钻到地下 300 米深，可能水会自动喷出来，而那个地方正是火星上最为理想的基地。氧气则通过分解水或大气中的二氧化碳得到，氧气再加上从大气中提取的氮气便可构成与地球上成分相同的空气。

科学家们已研制成功新式氧气机，它能够从火星稀薄的二氧化碳中转化大量氧气。体积如微波炉大小的新式氧气机，只需数天的时间便可生产足够的氧气。

火星离太阳很远，所以地表的日照量仅为地球上的一半，如果遇到大沙暴，还会下降到晴天时的 20%，因此利用太阳能是靠不住的。在火星基地建设初期，最好的方法是利用小型原子能电站提供能源。到 21 世纪后半期，可由燃料电池和火星周围轨道上的太阳能发电卫星提供能源。另外，风力发电也可作为辅助能源。

火星基地建成以后，它可以成为人类飞向外太阳系的"跳板"。航天器从那里出发，可去探测木星、土星、天王星和海王星。这些巨大的行星没有固体表面，与内太阳系行星有很大差别。由于它们质量大、引力强、温度低，有从原始太阳星云中聚集起来的氢和氧，

幻想——移居火星

这对深入研究太阳系和宇宙的形成具有特殊的价值。此外，还可进一步探测至今没有就近探测过的奇特的冥王星，以及可能存在初级生命形式的土卫6和木卫2。

臆想中的火星基地毕竟还停留在纸面上，如何适应未来的火星生活，还需要在地球上进行模拟试验。

2000年7月，一支由6名英美科学家组成的试验小组在北极圈内的德文岛，进行了为期2周的模拟火星环境生活试验。参加试验的科学家都经过严格挑选，像库克尔是英国南极考察队的成员，他还曾经带领一支探险队穿越蒙古，从一只猛犸象化石中提取了基因物质。试验在一个8米长、6米宽、形状类似一个大金枪鱼罐头的模拟太空舱里进行。太空舱里模拟了人类可能在火星环境下的生存状况。舱外是约13厘米厚的防护罩，用以隔绝太阳辐射。6名科学家在难辨东西的黑暗环境中建立他们临时的家。他们睡在像火车卧铺那样的3层床上，房间根据不同的功能进行分区，有起居室、饭厅、厨房等。食物是那些容易保存的食品，如炖牛肉、热狗、意大利面条、冻奶酪和罐头水果、罐头蔬菜等。他们使用单独的抽水马桶和浴室，当然水是循环利用的。水的保存是此次试验的一个重要目的。如果有什么问题，他们可以与位于美国休斯敦的地面控制中心联系，双方的谈话有20分钟的模拟延迟。

早餐后，2名科学家穿上模拟太空服，穿过模拟气密舱，骑上四轮驱动的"火星车"进行8小时的旅程，进入德文岛上的"火星"腹地。这一地区是苔原地带，有爱尔兰的面积那么大。

模拟火星生活的环境是按照许多年前设计的样子进行修改后设置的，当时的美国总统布什曾发誓美国人有一天将踏上火星旅程，美国国家航空航天

局据此设计了一个叫"火星指令"的计划，此次模拟火星生活试验便是该计划的一部分。

虽然人类最终登上火星还有待时日，但一些性急的未来火星新居民已经设计、制作了一面"火星旗"。这面"火星旗"与法国国旗相似，有红、绿、蓝三种颜色，表示人类将把火星从一个不毛之地变成一个生机勃勃的迷人乐园。在1999年美国航天飞机的一次飞行中，宇航员把"火星旗"带上了太空，让它先体验了一下太空飞行的感觉。此时这面"火星旗"也升起在了北极上空。

除此以外，人类移居火星的其他前期工作也在有计划地进行。美国国家航空航天局的国家太空生物医学研究所，已经制定出一批太空心理研究项目，为人类移居火星计划作准备。因为将来火星基地建成启用之后，在那里值班的人不可能经常轮换，他们如何在长期失重状态下和平共处，需要心理学家研究。

温室效应

温室效应，又称"花房效应"，是大气保温效应的俗称。大气能使太阳短波辐射到达地面，但地表向外放出的长波热辐射线却被大气吸收，这样就使地表与低层大气温度增高，因其作用类似于栽培农作物的温室，故名温室效应。自工业革命以来，人类向大气中排入的二氧化碳等气体逐年增加，二氧化碳具有吸热和隔热的功能。它在大气中增多的结果是形成一种无形的玻璃罩，使太阳辐射到地球上的热量无法向外层空间发散，其结果是地球表面变热起来。全球气候变暖带来一系列严重问题，已引起了全世界各国的关注。

移民太空的狂想

宇宙深邃，太空缥缈，令人神往。古今中外，人世间多少神话故事、科学幻想，期望有一天人类能"上九天揽月"，移居到那美妙的"天上人间"。

自1957年苏联发射第一颗人造卫星以来，人类先后向太空成功发射了各种卫星、飞船探测器，并顺利地登上了月球。科学家们预计，人类移民太空已为期不远了。

21 世纪初，人类将在近地轨道、围绕月球和火星轨道，以及在地—月系统中的自由点上陆续建成空间港，作为空间客运的转运站。其间将有巡天飞船常年巡回飞行，又有转运飞船像驳船一样在空间港与巡天飞船之间接货物和人员。当近地空间港和火星空间港建成

移居太空的幻想

后，便形成一个完整的航天运输网络。人类如要长期地在月球、火星和空间港上工作、生活、定居，必须不依赖于地球而开发完全能自给自足的生物圈，并建立初期前哨站和基地，形成开发太阳系的完整系统。

21 世纪，人类将进一步发展空间技术，开辟通天路，架设星际桥，实现开拓天疆的伟大理想。通过降低将有效载荷运输到轨道上的费用，把载人和载货的任务分开。运货仍采用大型运载火箭；载人则采用有翼天地往返运输系统，使其全部能重复使用。其中，人们将要创造出具有多种优良性能如应急、机动性良好的空天飞机，可以水平起飞、水平降落。设计方案有 X—30 试验机（"东方快车"）、霍托尔、森格尔等。

目前，一些国家正在酝酿一项解决地球能源危机的计划——建造太空发电厂。太空发电厂由两部分组成：太空部分——太阳能发电卫星，地面部分——接收电站。用火箭将太阳能发电卫星发射到空间轨道上，发电卫星在太空将太阳能转化成电能，通过微波传送到地面接收电站，再向用户供电。

太阳是个巨大的能源库，太阳辐射发出巨大的能量。由于地球有层"厚厚的外衣"，射向地球的太阳能大部分都被吸收掉了。因此只有把发电卫星发射到空气稀薄的外层空间轨道上去，才能充分地将太阳能转化为电能。

1992 年，日本宇宙科学研究所制造了一颗小型太阳能发电卫星，其外形为三角柱形，设计输出功率为 1 万千瓦，卫星轨道高度为 1000 千米。发电卫星上安装有送电天线和由非晶硅组成的板状太阳能电池阵，每 2 小时绕地球

一周。当卫星运行接近地面接收天线时，立即发射频率为2450兆赫的微波，并把微波集成一股射向地面接收天线。

据美国国防部防卫尖端技术研究计划局最新透露，美国打算在2010年前后向空间发射5～16座100千瓦级的小型核电站，并进一步研制供给宇宙基地能源的大型核电站。

美国伊利诺伊大学核工程学专家预测，今后在太空飞行的航天器将可以在月球和木星上的聚变燃料加油站灌满油箱。因为聚变能不仅可作为太空飞行器的动力，而且也可作为轨道航天器站的动力。木星和月球上有大量可用于核聚变的元素，如氘和氦。月球上将建造第一个加油站，为航天器飞往火星途中"接力"。

人类在太空建造永久性建筑日益成为可能，太空工厂将列入第一批太空建筑。由于脱离了重力约束，在高度真空的特殊条件下，太空工厂将成为制造某些地球上不能制造的稀有产品的理想场所。由航天飞机把原料送往太空工厂，或者利用太阳系各行星中的资源，制造加工成所需的产品后再运回地球。因为太空不存在冷热对流、浓淡、沉淀等现象，所以太空工厂制造的药品比在地面上制造的纯度至少高5倍，制药的速度快400倍。

美、日、欧在21世纪的太空计划中，将"植物在密封太空舱内进行长期实验"列为重点研究项目，并正在设计太空农场。科学家认为，太空农场可能建成球冠状，利用其外面可以转动的反射镜调节室内温度，从而使植物处于像地球上的生长环境一样。

科学家对从月球上取回的土壤进行了分析，认为只要略加改造即可用来作为太空农场种植庄稼的土壤，同时还可用来提取氧气和合成水分，以供"太空人"生活之需。

太空农场种植庄稼，无需除草和喷洒农药，所以没有污染，生产出的蔬菜和水果非常洁净。另外，太空农场全部是自动化作业，只需在"控制室"操纵按钮，即可对作物进行全面管理。

俄罗斯的"和平"号空间站上有一个太空温室，面积约为900平方厘米，播种了数十粒不同品种小麦的"太空种子"。在太空失重条件下，播种的小麦可望在70—90天后成熟。在这个封闭的太空温室内，松土、浇灌等所有农活均是在宇航员控制下由机器人自动操作完成的。

21世纪，太空将会成为人类的又一旅游胜地。日本清水公司与美国贝尔和特罗蒂公司的专家设计了一种太空宾馆，它将处于地球上空450千米的高度，形状犹如直径140米的大型游艺场，房间可供大约100名旅游者住宿。为避免太空旅游者因失重而产生不舒服的感觉，太空宾馆将每分钟自转3圈，从而产生类似地球的引力。美国航天专家认为，由于宇宙航行非常安全，参加旅游的人不一定要有运动员那样的体魄，只要经过一般的体格检查，体能达到一定状况就可以了。人们完全可以期待有朝一日可以像出差到外地一样收拾简单的行装，穿上宇宙服，搭乘航天飞机到太空遨游，入住太空宾馆。

美国国家航空航天局为了配合星际探险计划，与波音公司合作研制一种名为"太空花园"的实验性太空舱。这种新型的太空舱，实际上是一个控制生态的"生命维持系统"。在这个系统中，将种植诸如橙、棉花和粮食等植物，为太空人提供食物、饮用水，回收他们排出的二氧化碳及粪便。科技人员还将采用小球藻系统排除二氧化碳，制造氧气，使空气保持新鲜。如遇紧急情况，空气和水可以自成系统，分开使用。太空花园设有引力相对较弱的"运动区"，供游人们尽情从事"太空运动"。

由于世界人口急剧膨胀，地球变得越来越拥挤，于是科学家们提出了建立太空城的设想。美国科学家拟建的太空城，一种设计方案是一个旋转的圆筒，圆筒的一端对着太阳，另一头为半球形，一座半径为100米、长为4000米的圆筒太空城可容纳大约1万名居民。另一种设计方案是轮状的、绕中心旋转的太空城，太空城的整个直径2800米，轮圈本身的直径为300米，轮的外缘是太空城的地面，轮的内缘是太空城的顶部，"屋顶"由透明的材料做成天窗，阳光从天窗射进来，经过调节，使太空城明亮且温暖如春。

科学家们一致认为：人类移民太空不再是虚无缥缈的幻想，人类大规模移居太空已为期不远。飞出地球去，天上有人间！

航天飞机"挑战者"爆炸

1986年1月28日，美国航天飞机"挑战者"号升空75秒后突然起火爆炸，机毁人亡，造成人类航天史上最悲惨的事故，也是人类探索太空付出的一次重大代价。

"挑战者"号是美国制造的第二架航天飞机，它在结构、材料和设备方面都比第一架航天飞机"哥伦比亚"号有所改进：重量轻了4.5吨，因此可以多装载一些货物；而防热瓦也采用了改进的加固硅瓦片；宇航员的坐椅、着陆系统、仪表盘等也进行了改进。

"挑战者"号航天飞机原定于1983年1月20日首航，由于一些技术故障推迟到4月4日～9日。此次"挑战者"号首航完成了两项主要任务：发射了一颗重2.5吨的跟踪和数

"挑战者"号航天飞机

据中继卫星；宇航员斯托里·马斯格雷夫和唐纳德·彼德森进行第一次太空行走，他们走出"挑战者"号航天飞机的座舱，处于失重的情况下在敞开的货舱里，系上安全带行走和做各种试验近4个小时。

1983年6月，"挑战者"号航天飞机进行第二次飞行，把美国历史上第一位女宇航员萨利·赖德送上太空；

在同年8月的第三次飞行时，美国第一位黑人宇航员布卢福德中校进入太空；

1985年4月29日，第一位美籍华裔科学家王赣骏博士参加了"挑战者"号航天飞机的第七次航行，并负责在失重状态下进行一系列流体力学科学研究和太空实验工作。

这次飞行是"挑战者"号航天飞机的第十次航行。

在以前的飞行中，它也曾出现过一些故障，其中1985年7月29日第八次飞行时，发生的事故最为严重。当"挑战者"号航天飞机从佛罗里达州卡那维拉尔角升空不久，3台主发动机中的一台由于热传感器失灵，只开动了5分48秒便突然熄火停机。幸亏宇航员及时启动了机身上的另一台备用发动机，才使航天飞机进入地球轨道，但其离地面的高度比原计划低了100多千米。

"挑战者"号航天飞机爆炸，是世界上第一次航天飞机失事事故。其经过大致是：1986年1月28日，"挑战者"号航天飞机在卡那维拉尔角肯尼迪航天中心升空，在离开地面60秒后，挂在外燃料箱上的一枚助推火箭密封装置

出现破裂，并从裂口喷出火焰，直接射向外燃料箱中的液态氢容器，立刻就把容器烧开一个洞，液态氢向外喷射达 8 秒之久。几秒后，助推火箭松脱外燃料箱，紧接着就是巨大的外燃料箱发生猛烈爆炸，包括宇航员乘坐的密封舱在内的轨道飞行器被炸飞。事后，从当时拍摄的录像带来看，座舱还是完整的，只是受到飞离助推火

"挑战者"号航天飞机爆炸图

箭尾部喷出的火焰冲击，以极快的速度坠入大西洋时，才在水面上被击碎，座舱中的 7 名宇航员全部遇难身亡。

"挑战者"号航天飞机发生空中爆炸，是美国 56 次载人航天飞行中的第一次，也是美国宇航员第一次殉难空中。这是人类航天史上一次最惨重的灾难，也是损失最大的一次航天事故，其经济损失达 14 亿美元（其中航天飞机 12 亿美元，携带的卫星价值 2 亿美元）。

在 7 名遇难的宇航员中，最引人注目的是中学女教师克里斯塔·麦考利夫。她来自只有 3 万人口的康科德小镇，她是一位相当有名的社会学教师，在新罕布尔州康科德中学教授社会学课程。1985 年，她从 11000 名应征教师中脱颖而出，被选中搭乘"挑战者"号航天飞机去太空旅行，并准备从太空向美国多座城市的 250 万名中学生讲授太空课。

美国前总统里根，在得到前副总统布什关于"挑战者"号航天飞机爆炸事件报告后，立即打电话向 7 名遇难宇航员的家属转达了全国对他们的慰问，并当场决定参加定于 29 日在休斯敦太空中心为遇难宇航员举行的追悼会。里根总统还特地向麦考利夫所在的中学发了慰问电，亲切慰问了 200 名中学生。按照总统的命令，美国各地的建筑物和派驻世界各地的军事哨所纷纷下半旗志哀，洛杉矶奥林匹克体育场的火炬也重新燃起熊熊大火，表示对遇难宇航员的哀悼。

联合国前秘书长佩雷斯·德奎利亚尔和许多国家的领导人，纷纷发表谈话或致电里根总统，对"挑战者"号航天飞机的不幸失事表示深切哀悼。

"挑战者"号航天飞机失事后，美国立即组成了庞大的打捞队伍，飞机和舰船奔赴出事地点。从1月28日到8月28日，先后出动了52架飞机、31艘舰船、1艘核动力潜艇、2艘4人潜艇、5艘无人驾驶潜水器和115名潜水员，总共动用了6000多人对卡那维拉尔角东北64千米的429平方千米的海底进行搜索工作，打捞出11000多千克残骸，其中有宇航员尸体、座舱残骸以及可以证明航天飞机爆炸原因的助推火箭连续环等。

失 重

所谓失重，就是物体对支持物的压力小于自身的重力。所谓重力，是物体所受天体的引力。引力的大小与质量成正比，与距离的平方成反比。在环绕地球运行的轨道上，实际上只有航天器的质心处于零重力，其他部分由于它们的向心力与地球引力不完全相等而获得相对于质心的微加速度，这称为微重力状态。

因此，航天器所处的失重状态严格说是微重力状态。航天器旋转会破坏这种状态。在失重状态下，人体和其他物体受到很小的力就能飘浮起来。长期失重会使人产生失重生理效应。不过利用航天失重条件能进行某些在地面上难以实现或不可能实现的科学研究和材料加工，例如制造超纯度金属和超导合金以及制取特殊生物药品等。

"哥伦比亚"号失事

2003年2月1日，"哥伦比亚"号在执行代号STS—107的第28次任务重返大气层的阶段中与控制中心失去联系，并且在不久后被发现在得克萨斯州上空爆炸解体，机上7名太空人全数罹难。

关于"哥伦比亚"号失事原因，美国"哥伦比亚"号航天飞机事故委员会专家提出，起飞时遭遇强风、发射前临时更换火箭助推器，以及"年龄太大"，都可能是造成这艘"功勋宇航器"解体的根本原因。在"哥伦比亚"号起飞62秒后，突然遭遇到异常猛烈的大风吹袭，这有可能导致其左侧机身发生"内伤"，为日后坠毁埋下了祸根。此后仅仅 20 秒，从机身下部主燃料箱上脱落的泡沫绝缘材料就击中了左侧机翼前端，造成直接"外伤"。专家认为，这些损伤对一个使用 10 年的航天飞机来说可能不算什么，但是对"哥伦比亚"号这样 21 岁高龄的"老机"则是致命的。

调查委员会指出，有关方面正在研究美国国家航空航天局是否在"机体老化"问题上重视不够，以致最终酿成本次悲剧。目前，有关"哥伦比亚"号失事的直接原因基本确定：超高温空气从机体表面缝隙入侵隔热瓦下部四处乱窜，最终造成航天飞机在返航途中解体坠毁，7 名宇航员丧生。

据介绍，飞机起飞 1 分钟后，遭遇的风力强度已经接近 NASA（美国国家航空航天局）允许的极限。专家因此认为，原本已开始出现老化的机翼因遭受如此强风吹袭，才在外界异物的撞击下显得"弱不禁风"，从而出现破损。

此外，原本和"哥伦比亚"号主燃料箱正常配套的火箭助推火箭被拆卸下来，并安装到另外一艘即将起飞的航天飞机上使用。直到当年 11 月，NASA 才重新为"哥伦比亚"号安装了新的助推火箭，可能就在这"不必要"的一拆一装过程中，有关人员的操作对燃料箱的表面材料形成伤害，结果造成绝缘材料脱落击中航天飞机左翼。此外，由于"年事已高"，"哥伦比亚"号的左翼前端的超强碳纤维隔热板下面可能发生"缺损现象"。过去 10 年中，其他航天飞机的类似部位也能遭受不同损伤，其中包括外力（小陨石）撞击、刮伤、密封不严等险情。

调查委员会指出，目前必须搞清楚的是：NASA 是否对包括"哥伦比亚"号在内的美国航天飞机上述容易受损的部位及时进行了检查和更换。据介绍，"哥伦比亚"号首次升空是在 1981 年，为美国使用时间最长的航天飞机。在事故发生后进行的地面风洞试验发现，"哥伦比亚"号在最后时刻发生的翻滚飞行现象，就是左翼前端保护层丢失造成的。专家估计，当时至少有 5 块 U 形隔热板脱落才会产生如此强大拉力。目前，搜索人员已经发现了超过 2.8 万块"哥伦比亚"号残骸，并将其送到肯尼迪航天中心接受分析调查。据悉，这些东西不过是"哥伦比亚"号庞大机身的 19% 罢了。

飞向宇宙的"推手"——火箭
FEIXIANG YUZHOU DE TUISHOU HUOJIAN

纵观火箭的发展历史,它真正作为运载工具而被用于军事、航天和科学探测上是有个逐步发展的过程的。综括起来有三大阶段:初步阶段、过渡阶段、独立阶段。在此之前,首先在军事上应用火箭技术的当推V—2飞弹。

V—2飞弹产生于第二次世界大战期间的德国。这是首枚在大气层之外太空飞行的火箭。

处于初级阶段的运载火箭在级数、推力上都较小。

这类火箭有:"卫星"号(苏联)、"雷神"号(美)、"长征1"号(中)等,这些都属于小型、中型火箭。

随着航天技术的发展,各航天大国在初级阶段运载火箭的基础上发展研制出能发射高轨道卫星的运载火箭。这一阶段的火箭称过渡阶段的运载火箭。这和只有两级火箭的初级阶段火箭、地—地弹道式导弹已完全不同。过渡阶段运载火箭的典型代表型号有:"质子"号(苏联)、"宇宙神阿金纳"号(美)、"长征3"号(中)等。这个阶段的火箭应属于大型火箭之列。

独立阶段的运载火箭由于其具有巨大的载荷推力,所以都是重型级火箭。所谓独立阶段的运载火箭,是指每种型号都有其特定的发射运载对象。如美国的"土星5"号重型运载火箭专门发射"阿波罗"号系列飞船,去登陆月球。

火箭的结构组成

我们知道，火箭种目繁多，不可一一列举。在此，我们只重点介绍航天运载火箭的结构和组成，并且只以化学能火箭为主要介绍对象。

事实上，运载火箭主要包括动力系统、控制系统、壳体及结构系统、有效载荷系统四大部分。那么，它们都有什么功用呢？下面作一一介绍。

火箭发动机动力系统

火箭发动机是使火箭具有强大推力的动力系统。它包括主动力系统和其他辅助动力设备。如果从燃料形式不同来分，则有固体（推进剂）发动机、液体（推进剂）发动机、固液混合（推进剂）发动机。这里所说的推进剂只包括燃烧剂和氧化剂两部分。这三种推进剂的火箭发动机结构是不同的。

固体火箭发动机示意图

固体火箭发动机

固体火箭发动机通常由燃烧室、喷管和点火装置等组成。燃烧室是放置固体推进剂药柱的场所，燃烧室的后部连接喷管，喷管可以是一个，也可以是多个。而点火装置则是由电爆管、点火药和壳体结构组成，它实际上也是一个小型的固体发动机。点火装置按照不同的点火要求，可以安装在发动机的头部、药柱的中部或尾端。当发动机工作时，先通电使电爆管爆炸，引燃点火药，然后由点火药点燃存放在燃烧室内的药柱，药柱燃烧产生的燃气流通过喷管高速喷出而产生推力。

固体火箭发动机结构较简单，工作可靠，药柱可长期贮存于燃烧室内，但效能较低，工作时间短，不易多次启动，而推力大小、方向的调节也比较困难。

液体火箭发动机

液体火箭发动机一般由推力室、推进剂供应系统和发动机控制系统组成。

推力室是发动机中产生推力的那一部分，它由推进剂喷注器、燃烧室和喷管组成。对非自燃推进剂来说，还有点火装置，如火花塞等。推进剂由喷注器喷入燃烧室，经雾化、混合、燃烧，形成3000℃—4000℃的高温和几十兆帕的高压燃气，在喷管内迅速膨胀，以每秒数千米的速度高速喷出而产生推力。

而推进剂供应系统则是把液体推进剂从贮箱输送到推力室的系统，这就好比是人的心血管系统一样，构造十分复杂。它有挤压式和泵压式两种。对现代大型火箭来说，主要是泵压式（包括泵、涡轮、传动机构和涡轮启动系统等）。

推进剂是靠高速转动的涡轮泵送到推力室的。因此，涡轮泵常常被说成是火箭的心脏。而发动机要工作，必须先让涡轮泵转动起来，这就是涡轮启动系统的任务。涡轮启动系统就像是心脏起搏器一样。涡轮启动系统的种类很多，现以燃气发生器的启动装置为例，来说明推进剂供应系统的工作原理和过程。

燃气发生器是如何点火使推进剂燃烧的呢？工作过程是这样的：燃气发生器包括火药启动器和电爆管。电爆管通电后爆炸，引起火药爆炸，产生低温燃气，进而吹动涡轮叶片，涡轮带动泵旋转，转动起来的泵将推进剂的一部分送进燃气发生器，而另一部分则送进推力室。进入燃气发生器的推进剂燃烧生成高温高压燃气，驱动涡轮泵以更高的速度旋转，将大量的推进剂输送到推力室燃烧，进而产生推力。

而发动机控制系统的作用是控制发动机的启动、点火和关机（即熄火）等工作程序，控制推进剂的混合比例，控制推力的大小和方向等。

其工作程序控制由按事先设计好的程序打开和关闭发动机供应系统的阀门来完成。

而推进剂的混合比例和推力的大小，则通过发动机上特有的装置和方法来控制。

推力方向控制早期采用石墨做成的舵来进行。它安装在喷管的排气出口，像船舶的舵那样，通过改变喷气流的方向来调整推力方向。目前，一般采用摇摆发动机，即通过发动机的偏转来调整推力方向。石墨舵偏转和发动机的摇摆，都是由火箭的控制系统发出命令，通过一个叫做液压伺服机构的装置来完成的。

固液混合火箭发动机

这种火箭发动机一般是由放置固体燃料（或氧化剂药柱）的燃料室、喷管和贮放液态氧化剂和燃烧剂的贮箱以及液体推进剂组分供应系统所组成。

当发动机工作时，可以是固态、液态推进剂组分相互接触时自燃点火，也可以像固体发动机那样安装一个火药点火器。液体推进剂组分的供应则用压缩气体或燃气涡轮泵来供应。

上述三种发动机，不论是哪种类型，要提高其性能，主要是提高发动机的喷气速度。因此，最重要的是选择高性能的推进剂。同时要优化发动机设计方案，在尽量减少发动机自重的同时，提高推进剂的比冲值（即能量效应）。

火箭飞行控制系统

火箭飞行控制系统是运载火箭的"智能"部分，好比是火箭的眼睛、大脑和手脚。通常它是由制导系统、姿态控制与电源配电组成的火箭飞行控制系统和设置在地面的测试检查及发射控制系统组成。

制导系统

制导系统由惯性平台和计算机组成，用于控制火箭发动机准时点火、关机和火箭各级的分离，使火箭能按预定轨道飞行和确保有效载荷的入轨精度。

姿态控制

姿态控制用于纠正火箭在飞行过程中的俯仰、偏航和滚动误差，保持火箭以正确的姿态飞行，并实施定向和防流星碰撞。在动力飞行段，姿态控制通过惯性平台速率陀螺—数字控制器—伺服机构连续控制方案来实现；而在惯性飞行段，姿控系统则通过装有小型单组元推进剂发动机的开关控制方案来实现。

电源配电系统

电源配电系统的作用，一是给控制系统的仪器仪表供电和配电；二是按火箭飞行的先后工作程序发出时间顺序的命令；三是控制火箭工作状态的变化。

火箭测控系统

火箭的制导控制和姿态控制等是由测控系统来实施指挥的。

飞行控制系统主要由测试仪表（陀螺仪、加速度表等）、中间装置（电子计算机等）、执行机构（中磁阀门、电爆器材、姿态喷管、发动机伺服机构等）和电源配电装置（电池、二次电源、配电器等）组成。

其中，测量仪表好比是火箭的"眼睛"，它能随时监视运载火箭飞行路线是否对头，飞行姿态是否正确，并及时发出纠偏信号；中间装置则是火箭的"大脑"，它接到测量仪表发来的各种纠偏信号后，立即进行计算和综合处理，并将信号放大后传送给执行机构；执行机构接到中间装备传来的命令后，把电信号转变成一

飞行控制系统中测试仪表——陀螺仪

种相应的机械运动，准确地对火箭飞行路线或飞行姿态进行纠偏，使发动机能按时点火、关机和实现各级按时分离。所以执行机构好比是运载火箭的"手脚"。

火箭壳体及结构系统

火箭的壳体及其结构系统是安装有效载荷、飞行控制系统、动力装置等箭上设备，并将它们连成一个有机整体的框架系统。

壳体及结构系统不仅肩负着火箭在运输、发射和飞行过程中承受各种外力、保护箭内仪器设备不受损害的任务，而且还有流线型的光滑外壳，使火箭具有良好的空气动力外形和飞行性能。对一枚大型多级液体火箭而言，其箭体结构通常由有效载荷舱、整流罩仪器舱、氧化剂贮箱、燃料贮箱、级间段、发动机推力结构、尾舱和分离机构等组成。

载荷舱

有效载荷舱一般位于运载火箭的顶端，它是安放卫星、飞船等有效载荷的地方。整流罩是保护有效载荷的火箭外壳。在有效载荷与箭体分离前，整流罩将按照控制系统的命令在空中与卫星或飞船脱离。

仪器舱

仪器舱一般在有效载荷舱的下面，它是安装飞行控制系统主要仪器设备的专用舱段。

箭体结构

火箭箭体结构有多种形式，有单级箭体、多级箭体和捆绑式箭体之分。多级运载火箭各级之间的连接方式有串联、并联和串并联三种。串联式火箭是把数枚单级火箭头尾相接，连为一体。并联火箭又叫捆绑式火箭，它是把较大的一枚单级火箭放置中央，称为芯级，在其周围再捆绑若干枚助推火箭，或助推器，称之为助推级。串并联式火箭与并联式火箭的区别在于它的芯级不是一枚单级火箭，而是串联的多级火箭。

推进剂

推进剂又称推进药，能有规律地燃烧释放出能量，产生气体，推送火箭和导弹的运行。推进剂具有下列特性：①比冲量高；②密度大；③燃烧产物的气体（或蒸气）分子量小，离解度小，无毒、无烟、无腐蚀性，不含凝聚态物质；④火焰温度不高，以免烧蚀喷管；⑤有较宽的温度适应范围；⑥点火容易，燃烧稳定，燃速可调范围大；⑦物理化学稳定性良好，能长期贮存；

⑧机械感度小，生产、加工、运输、使用中安全可靠；⑨若为固体推进剂，还应有良好的力学性质，有较大的抗拉强度和延伸率。常用的推进剂主要有固体、液体两种，少量固液混合体也在试用。

火箭的飞行原理

事实上，火箭工作的基本原理就是牛顿的第三运动定律。这就是：对于每一个作用力，都有一个大小相等、方向相反的反作用力。

牛顿第三定律解释了为什么步枪在射击的时候会有后坐力。你可以亲自动手，试验这条定律。

可供演示后坐力的步枪

请你拿一个气球，把它吹起来。你一放手，气球就会飞跑。气球里面的空气通过小口向后冲，空气的这种作用力产生了大小相等、方向相反的反作用力，使气球向前飞。

而火箭会飞，也是因为相同的原理。燃料燃烧时所生成的炽热气体，通过火箭尾部的尾喷口向后喷。这时，向后喷的燃气产生了一个大小相等、方向相反的反作用力，它推动着火箭向前飞。

我们大家都看到过飞机在空中飞翔。飞机的飞行需要空气，而对流层和同温层里都有空气。螺旋桨或喷气发动机把空气向后推，产生反作用力推动飞机向前运动。与此同时，当空气流过机翼的时候，机翼下部的压力比上部大，这样就给了飞机一个向上的升力。所以，没有空气，飞机就不能飞。

然而，火箭却不同，因为它在大气层外比在大气层里飞得更好。这是由于大气层里有空气，它对向前运动的火箭产生阻力。你可以试验一下空气的阻力。

在一个刮风天，找一张一米见方的硬纸板，假如你把这张硬纸板直立着举在头顶上，顶着风跑，你就会感觉到，硬纸板上受到压力，把你的手臂向后拽。可是如果你把硬纸板放平，使它只有一个很薄的边缘顶着风，那你就会发现，空气的阻力就小多了。

而火箭在外层空间遇到的是另一个问题。火箭依靠尾喷管向后喷出的气体作为动力，但这种炽热气体只有在燃烧时才能产生。为了使火箭发动机中的燃料燃烧，必须有氧气供应。可是在外层空间中，却没有足够的氧气，所以，火箭必须自己携带供燃烧用的氧气。

火药的发明

火药是我国古代的四大发明之一，是古人在炼丹过程中偶然发明的。火药的产生，毫不夸张地说改变了我国和世界的历史，现代航空界的各种成就都可以追溯到火药的产生。我们的祖先利用火药制造了许多火器。开始是作为娱乐庆典工具的烟花炮仗，如大家在过年时都玩过"二踢脚"、"钻天猴"等烟花炮仗，把"二踢脚"点着时，它立刻飞向天空中。这就是火药的巧妙运用，这说明我们的祖先已经懂得了反作用原理：当火药点着后，从尾部喷射的火焰能产生一个向相反方向的作用力，使炮仗反方向飞行，当然如果炮仗躺放在地上的话，就会向前方飞行，即火药产生的作用力的方向与火药的喷射方向相反。这与现代火箭飞行的原理相同。

火箭的发射程序

运载火箭的发射是有一定程序的，包括起飞、加速、入轨、箭器分离等。如果发射的是回收式航天器，最后还有回收程序。下面简单介绍一下各个程序：

起 飞

火箭经过事先组装、调试以及某些试验后，便用运输系统（火车或汽车、拖车）将之运往发射场，竖立在发射架上，然后进行发射前的准备工作，如航天器的安装、所有管线的连接等。如果是液体推进剂火箭，还要加注推进剂，填充压缩空气和安装爆炸螺栓等火工品（航天器安装要先于火工品安装，以保障安全）；然后进行全箭检查，火箭垂直度调整和方向粗瞄准；最后再进行方向精瞄准和临射检查；向火箭推进剂贮箱充气增压；启动发动机；火箭起飞，沿预定轨道飞行。当然，点火起飞是由电子计算机倒计时和一系列控制指令实现的。

加速和飞行

火箭起飞后，沿预定发射轨道飞行，发射轨道包括垂直起飞段、程序转弯段和入轨段。随着各级火箭的不断点火加速，火箭的速度逐步加快，每级火箭能获得约 4 千米/秒的速度。

入　轨

各种运载火箭在前两段的工作程序基本相同，而在入轨阶段则有些差异，有直接入轨的，有滑行入轨的，有过渡转移入轨的。

直接入轨适于低轨道航天器，如地球资源探测卫星、侦察卫星和载人航天飞船等。在这种入轨方式下，火箭是连续工作，当最后一级火箭发动机关机时，航天器便进入预定轨道，此时箭体与航天器分离（整流罩先行分开）。在此前，各级火箭顺次点火，完成工作的那一级火箭便被及时抛掉。

而滑行入轨适于发射中、高轨道的航天器，如太阳同步气象卫星、导航卫星等。滑行入轨分三个阶段飞行：主动段（发动机点火工作段）、滑行段（发动机关机靠惯性飞行段）、加速段（发动机再次点火，适于液体推进剂火箭，固体火箭无法再次点火）。

过渡转移入轨适用于发射地球同步轨道航天器，如地球同步轨道通信卫星、气象卫星等。这种入轨方式十分复杂：第一级、第二级火箭连续工作，接着第三级火箭第一次点火，使卫星与第三级火箭同时进入小椭圆轨道（停泊轨道）绕地球飞行。当与赤道平面相交时，第三级火箭第二次点火工作，于是将卫星送入 36000 千米高的赤道上空，近地点为 400 千米的大椭圆轨道，称之为过渡轨道。当达到预定轨道后，箭星分离。至此，运载火箭完成了发射任务。

至于在轨道上的卫星的姿态调整、轨道参数测量及轨道微调，则是地面测控站的任务了。而星际探测器或无人飞船、载人飞船的太空飞行、登陆外星等则要受在地面宇航测控中心的监视和控制。

火箭的发射方式

从发射的空间地理位置来分，火箭发射可以分为陆上发射、海上发射、空中发射。这三种发射方式分别适用于不同的发射对象。

陆上发射

陆上发射主要是在各国选定的发射场上进行。由于该类发射场设施齐全，面积广阔，又多远离居民区，所以适于利用大型运载火箭发射各种航天器（如宇宙飞船、航天飞机，各类实验卫星以及军用远程洲际导弹等）。

陆上发射还有一种方式就是地下发射，即将火箭从地下竖井中发射升空，这种发射方式主要用于保密形式

陆上发射导弹图

的军用洲际导弹的发射。航天发射利用此种方式的较少。

海上发射

海上发射导弹图

与陆上发射相比，海上发射的优点是机动、灵活，可以选择靠近赤道附近的海域地区进行发射，并且可利用废弃的海上石油平台作发射台。海上发射多用于卫星发射。目前，大型的航天器还不适于在海上发射。因为，每次发射前，都需要用大型舰船将火箭和被发射物运往发射平台处，并进行从指挥船到发射平台的转

移，其操作程序十分复杂。舰船的连接要求十分精确，这种技术难点在陆上发射是不会遇到的。实际上，海上发射还会遇到其他一些新的技术难题。这就是说，任何一项事物有其利，就会有其弊。

空中发射

空中发射是不同于陆地发射和海洋发射的一种节省费用和能源的新型发射方式，具有一系列优点。但要求其技术保证更加可靠。

空中发射的构思是先将带有航天器的火箭用载荷量极大的飞机载入空中，然后在空中将火箭释放，当火箭远离飞机后再点燃火箭，进行空中发射，再经一级级火箭燃烧，最后将航天器送入太空，典型方案是美国的"飞马方案"。

"飞马方案"是由美国轨道科学公司在1986—1987年间提出来的。它是采用B—52轰炸机携带"飞马"号运载火箭到空中进行发射。

发射过程是这样的：三级"飞马"号运载火箭长15米，自重18000千克，并且带箭翼；箭翼可提高箭体升力，且可使火箭的飞行轨道比较平稳。它把火箭装在改装的B—52轰炸机的机翼下，要发射的卫星置于火箭的顶端。当飞机飞到高度12000米、飞行速度为0.8马赫（1马赫＝音速＝324米/秒）时，释放"飞马"号运载火箭。"飞马"号运载火箭自由下落5秒之后，它的高度比B—52飞机低100米，此时火箭第一级开始点火。然后陆续进行第二级、第三级点火。到8分53.9秒时，第三级火箭燃烧结束，卫星便被送入了高度为450千米的运行轨道中。

该方案优点是发射费用低，只为地面发射费用的一半。这是由于把B—52飞机作为整个发射系统的第一级（飞机的速度可使运载火箭的性能提高1%—2%），空中发射时，发射高度上的气压低（为海平面的25%）。这样，运载火箭的喷管就易于设计，不必权衡考虑从海平面到接近真空的工作环境的变化。另外，在高空发射运载火箭时不仅结构和热应力低，而且动压也低，这对发射很有利。在有效载荷一定时，高空发射运载火箭所需要的总的速度可以降低10%—15%。如果按发射每千克有效载荷的价格计算，用"飞马方案"发射卫星的价格只相当于从地面发射的1/3。

此外，与大型运载火箭相比，空中发射运载火箭发射准备时间极短。6个技术人员可以在2周内把火箭组装起来。由于它可随着飞机到处飞，因此，火箭能随心所欲极灵活地选择发射区域，不受地理环境的限制。这些优越性能满足军事上灵活快速的发射要求，极有价值。

洲际导弹

一般来说，洲际导弹的射程至少应达到 5500 千米－8000 千米（各国定义不一，我国为 8000 千米）。洲际导弹一般装备 1 枚核弹头，其典型构成为：液体或固体推进装置，二级或多级助推火箭，惯性制导系统（并可加装星座导航、卫星导航或末端制导系统），一个或多个再入飞行器，每个再入飞行器各含有一枚弹头。

世界上试射成功的第一枚洲际导弹是苏联的 P—7。这枚导弹于 1957 年 8 月 21 日从位于苏联加盟共和国哈萨克斯坦的拜科努尔航天发射场试射成功，飞行了 6000 千米。

在美国，洲际导弹、潜射导弹和远程轰炸机的地位大致相同，共同组成"三位一体"的战略威慑力量。而在俄罗斯，洲际导弹是战略打击力量的主体。如今，拥有远程导弹的国家主要有美国、俄罗斯、中国、英国、法国。

运载火箭家族

运载火箭是由多级火箭组成的航天运输工具，其用途是把人造地球卫星、载人飞船、空间站、空间探测器等以有效载荷送入预定轨道。

运载火箭是在导弹的基础上发展起来的，一般由 2—4 级组成。每一级都包括箭体结构、推进系统和飞行控制系统。而其末级有仪器舱，内装制导与控制系统、遥测系统和发射场安全系统。运载火箭级与级之间靠级间段连接。而有效载荷装在仪器舱的上

运载火箭发射图

面，外面套有整流罩。

许多运载火箭的第一级外围捆绑有助推火箭，我们又称之为零级火箭。助推火箭可以是固体或液体火箭，其数量根据运载能力的需要来选择。而推进剂则大都采用液体双组元推进剂。

第一级、第二级多用液氧和煤油或四氧化二氮和混肼为推进剂；而末级火箭采用高能的液氧和液氢推进剂。运载火箭制导系统大都用自主式全惯性制导系统，在专门的发射中心发射。技术指标包括运载能力、入轨精度、火箭对不同重量的有效载荷的适应能力和可靠性。

运载火箭主要可分为以下几种：

单级运载火箭

单级运载火箭主要应用于小推力的场合，如导弹系统。当火箭点火后，前端的控制部分起制导作用，控制导弹的飞行方向，到达目的地后便执行任务（爆炸或执行其他任务）。如探空火箭就是单级火箭，发射升空后，执行探测任务。

单级火箭结构简单，多为固体燃料，便于存贮和运输。但其推力小，无法达到第一宇宙速度，无法飞出大气层进入太空飞行。要想达到第一宇宙速度而绕地球飞行，或冲出大气层进入太空实现星际飞行，必须采用多级火箭结构。

多级运载火箭

多级运载火箭是相互串联而成，每级大约能获得 4 千米/秒的速度，二级火箭就可以获得约 7.9 千米/秒的第一宇宙速度，这样就可以使卫星环绕地球飞行。如果采用高效率的液体推进剂三级火箭，就可以获得约 12 千米/秒的速度，而使航天器脱离地球轨道进入太空，实现太阳系中的星际飞行。如使用更多级火箭则可以使航天器达到第三宇宙速度（16.7 千米/秒）或大于此速度而冲出太阳系，实现宇宙星系间航行。

那么，多级火箭是如何工作的呢？现以三级火箭为例，分析火箭的工作程序：

（1）在卫星的发射过程中，第一级及助推火箭首先点火，完成使命后，助推火箭先分离；然后，第一级与第二级分离。与此同时，第二级发动机点火,顶部的整流罩抛出,露出卫星;当第二级完成任务后,即与第三级分离。当第二级火箭分离后,第三级火箭便点火工作,当飞到预定高度后,其发动机关闭。顶部的卫星如有必要将会在准确的方位上开始自旋(有的卫星在进入轨道后才自旋)。此时小爆炸螺栓按指令点火,先释放出第一颗卫星,然后释放第二颗卫星(假如整流罩中是串行放 2 颗卫星的

三级火箭示意图

话)。一旦第三级完成使命,它会与它所发射的卫星保持一定的安全距离,进入另一条轨道,以免撞毁卫星。这样,第三级火箭往往便成为太空垃圾,以后随着轨道下沉,最后坠入大气层烧毁。

顺便指出,卫星在发射时,其天线和太阳能电池帆板等部件通常是处于折叠状态。卫星尺寸和外形不同,应选择不同型号的头部整流罩。双星发射时,底部的那颗卫星由一个名叫"双星"发射系统的碳纤维保护罩保护着。

(2)如果是发射宇宙飞船,前两级工作程序同于卫星发射,当第三级点火后,便将航天器——飞船推向外层空间,脱离地球引力而超过第二宇宙速度。进入轨道后,第三级火箭便与航天器分离,航天器点火,靠自身动力系统在太空中飞行,三级火箭便成为太空垃圾。

比如美国的"阿波罗"号登月飞船的运载火箭——"土星5"号就是以液氢和液氧作推进剂的,当第三级火箭点火后将"阿波罗"号飞船推入奔月飞行轨道,三级火箭此后与船体分离。("土星5"号第一级燃烧 2 分 30 秒;第二级燃烧 6 分 30 秒;第三级燃烧约 2 分 30 秒,便把飞船送入绕地球飞行的轨道。此后,第三级继续燃烧 5 分 30 秒,便把飞船送入飞向月球的轨道。)

并联火箭发射图

捆绑式火箭

捆绑式多级火箭又称并联火箭，它是把一个大的单级火箭（芯级）放在中间，四周绑上小火箭。

这种火箭一般都用于需要较大推力时。而捆绑助推火箭（小火箭）往往都被绑在第一级芯箭四周（2枚或4枚），点火时也是第一级火箭同时点火，完成使命后脱离箭体，然后第二级火箭开始点火。程序同前。助推火箭往往用固体燃料。

这三种火箭的点火时间都是由箭载计算机控制的。除上述三种主要形式的火箭外，还有串并式结构的火箭，即芯级不是单级火箭，而是多级串行火箭，这种形式较复杂，应用并不多。

世界著名运载火箭

世界上能够自制火箭且自己发射的国家（或国际组织）目前有美国、俄罗斯、欧洲空间局（以法国为主）、中国和日本等。这些国家或组织的运载火箭有不同的结构、不同的推力和不同的推进剂。

总的来说，由于俄罗斯地处高纬度地区，故发射同样载荷重量的航天器所需的火箭推力较大，所以俄罗斯具有重型火箭如"能源"号、"质子"号等，用以发射太空站和货运、客运飞船。而美国为了将"阿波罗"号系列飞船送上月球，将"卡西尼"号土星探测飞船送上飞往土星的轨道，则使用了推力巨大的"土星5"号和"大力神4B"号重型运载火箭。

俄罗斯著名的运载火箭有："能源"号、"质子"号、"卫星"号、"东方"号、"闪电"号、"联盟"号等。

美国著名的运载火箭有:"雷神"号、"宇宙神"号(系列)、"德尔塔"号(系列)、"大力神"号(系列)、"土星"号(巨型)等。

欧洲空间局(以法国为主)所具有的著名运载火箭是"阿里亚娜"系列火箭,它是后来崛起的一种运载火箭。目前占有国际卫星发射商业市场近60%的业务。

而中国是世界五大航天大国之一,有些技术已达到世界先进水平。中国的运载火箭系列是"长征"系列。该系列火箭在完成我国的卫星发射任务的同时,还承担部分世界商业卫星发射业务。"长征"系列火箭与阿里亚娜系列火箭一样在世界上具有较高的声誉。中国是掌握卫星回收技术的第三个国家,是掌握火箭再点火技术的第二个国家。

日本是航天大国中的后起之秀,近几十年来研制了自己的系列运载火箭,有M系列、H系列。其中"H—

日本的 H—2 运载火箭

2"曾发射过一箭双星。日本是第四个掌握卫星回收技术的国家。目前,"H—2"是日本最大的运载火箭。

下面我们就对各国的著名运载火箭进行选萃介绍。

苏联著名的运载火箭

苏联地处高纬度的北半球,发射场远离赤道,利用地球自转速度发射航天器的条件不如赤道地区优越,所以只好靠生产大功率的运载火箭来弥补这一缺陷。因此,苏联的运载火箭的功率都很大。直到现在,俄罗斯还在使用一些著名的老型号运载火箭,如"质子"号、"闪电"号、"联盟"号、"宇宙"号和"旋风"号等。苏联的火箭技术成熟,发射载荷大,发射成功率高,成本低,多用于发射飞船和卫星。

"卫星"号运载火箭

"卫星"号运载火箭是苏联早期的运载火箭，它奠定了苏联航天运载工具发展的基础。它是苏联用"P—7"洲际导弹改装的，火箭由1枚芯级火箭和4台侧挂助推火箭并联捆绑而成。

"东方"号运载火箭

"东方"号运载火箭是继"卫星"号之后发展较早的一种运载火箭。"东方"号火箭因发射"东方"号宇宙飞船而得名。它1959年1月2日试飞，成功发射"月球1"号探测器。后来又4次用于发射动物卫星舱的试验。1961年4月12日它把世界上第一位宇航员加加林送上地球轨道飞行。截至1980年，"东方"号火箭总共发射了85个航天器，其中包括5艘载人飞船。

"东方"号运载火箭是一种三级液体火箭，它在"卫星"号两级火箭的基础上又增加了一级火箭，因此它的运载能力比"卫星"号增大了2.5倍。

"闪电"号运载火箭

苏联的运载火箭基本上按标准化、系列化发展。在"东方"号火箭的基础上，1961年又研制成功"闪电"号和"联盟"号两种系列火箭。"闪电"号以改装后的"东方"号三级火箭，再加上第四级构成，火箭全长42.8米，起飞重量300吨，其近地轨道的运载能力最高达到7吨。1961年2月4日首次发射成功，随后相继用来发射了7个"金星"号、10个"月球"号、1个"火星"号探测器和数十颗"闪电"号通信卫星。

"联盟"号运载火箭

"联盟"号运载火箭于1961年研制成功，因用它发射"联盟"号系列载人飞船而得名。它是由"东方"号三级火箭改进第三级后的新型三级运载火箭，总长49.3米，起飞重量310吨，近地轨道的运载能力为7.5吨。

1963年11月16日首次发射"宇宙22"号卫星成功；

1964年和1965年又先后用来试验发射2艘"上升"号载人飞船。

1967年开始用来发射"联盟"号、"联盟T"号系列载人飞船和"进步"号自动货运飞船。

"能源"号运载火箭

"能源"号运载火箭是苏联的超级巨型运载火箭。1987年5月15日在拜科努尔航天中心发射成功。

在随后的1988年11月15日，"能源"号火箭将不载人的"暴风雪"号航天飞机载入太空轨道飞行，成为苏联运载火箭发展的一个新的里程碑。

"能源"号运载火箭的总设计师是古巴诺夫。该种巨型火箭的情况是：箭长约60米，总重2400吨，起飞推力3500吨，能把100吨有效载荷送上近地轨道。

"能源"号运载火箭由两级组成。第一级捆绑4台液体助推火箭，高39米；第二级为直径8米的芯级，由4台液氢液氧发动机组成。发射时，第一级、第二级同时点火，第一级4台助推火箭工作完成后，由地面控制使其脱离芯级火箭后予以回收，经修理后可重复使用50次；第二级即芯级火箭可将有效载荷送入地球轨道运行。

"质子"号运载火箭

"质子"号是重型运载火箭之一，在苏联的航天活动中，"质子"号运载火箭发射最为频繁。"质子"号火箭系列先后研制有二、三、四级三种型号。最大一种是四级火箭，全长44.3米，底部最大直径7.4米，起飞重量800吨。第一级由6台助推火箭组成。它的中心是一个直径较大的氧化剂箱，四周捆绑6个燃料箱，起飞推力达1000吨。第二级高约13.7米，装有4台发动机，总推力为240吨。第三级高6.4米，装1台发动机，另有4台校正航向的可控微调发动机。第四级高5.5米，装有1台封闭式循环发动机，可二次点火。

这种火箭可将21吨重的有效载荷送上近地轨道。

1965年7月16日，"质子"号运载火箭首次发射，将1颗重达12.2吨的卫星送入预定轨道；

1971年4月19日又成功发射重17.5吨的"礼炮1"号轨道站；

从1971～1973年相继发射了6颗"火星"号探测器；

1974年发射第一颗静止轨道卫星"宇宙637"号；

1975年到1983年陆续发射了"金星"号系列探测器；

1984年发射2个"维加"号哈雷彗星探测器；

1986 年又把第三代轨道站"和平"号送入太空。

这一系列发射纪录，表明"质子"号火箭对于苏联航天活动有着举足轻重的作用。

美国著名的运载火箭

美国在航天领域是与苏联进行竞争和合作的主要国家。在 20 世纪 50 年代和 60 年代初，美国在竞争中处于劣势和落后的境地，原因之一就是运载火箭不过关。1969 年 7 月 21 日"阿波罗 2"号登月成功与随后进行的一系列"阿波罗"号登月飞行，使美国在航天领域的竞争中逐渐赶上并处于领先地位。美国航天的成就，除了各项综合高科技的发展外，运载火箭技术的进步是重要原因之一。

在此值得一提的是，著名火箭专家冯•布劳恩在发展美国火箭技术上立下了汗马功劳。他主持研制的"丘比特 C"号运载火箭将美国第一颗人造地球卫星"探险 1"号送入太空，时间是 1958 年 2 月 1 日。布劳恩还用"丘比特"号改进型火箭为美国征服太空开创了新纪元。

此后，美国国家航空航天局（NASA）又先后用几种中程和洲际导弹经改造而研制成"雷神"号、"大力神"号、"德尔塔"号、"宇宙神"号等多种系列的运载火箭，下面分别加以介绍。

"雷神"号运载火箭

"雷神"号是美国早期发射小型卫星的运载火箭，从 1959 年以来发射 400 多次，现已不常用。

"宇宙神"号系列运载火箭

"宇宙神"号系列火箭，由美国通用动力公司制造，已连续生产 30 多年。火箭长 25.1 米，直径 3 米，起飞重量 120 吨。

目前，经常使用的是"宇宙神阿金纳 D"号和"宇宙神半人马座"号 2 种型号。前者重 129 吨，能把 2 吨重的有效载荷送入 500 千米高的地球轨道；后者重 139 吨，近地轨道的最大运载能力为 4 吨。它们除作为"月球"号和"火星"号星际探测器的运载工具外，还曾用来发射通信卫星和"水星"号载人飞船。自 1959 年以来，它已发射 500 多次，是使用最广泛的一种运载工具，在世界上较为驰名。

"德尔塔"号系列运载火箭

"德尔塔"号系列火箭由美国麦道公司研制生产，并于 1960 年 5 月首次发射，至今已发射 180 多次。它先后发射过"先驱者"号探测器、泰罗斯气象卫星、"云雨"号卫星、"辛康"号卫星、国际通信卫星 2、3 号等。

"德尔塔"号系列火箭是三级火箭，有 2 种型号，总长 38.4 米，起飞重量分别为 220 吨和 230 吨。其中一种的同步转移轨道运载能力为 1.4 吨；另一种的同步转移轨道运载能力为 1.8 吨。"德尔塔"号系列火箭主要用于各类卫星的发射。

"大力神"号系列运载火箭

"大力神"号系列火箭由马丁·玛丽埃特公司研制生产，有多种型号。

"大力神"号系列火箭有着辉煌的发射记录。它主要发射各种军用卫星，也发射过"太阳神"号、"海盗"号、"旅行者"号等行星和行星际探测器。

"大力神"号系列开发的几种型号分别为："大力神 3"、"大力神 3A"、"大力神 3B"、"大力神 3C"、"大力神 3D"、"大力神 3E"和"大力神 34D"。各型"大力神"火箭的有效载荷分别是：3A 为 3.6 吨，3B 为 4.5 吨，3C、3D 和 3E 均为 15 吨；最大的"大力神 34D"长达 62 米，最大直径 5 米，发射地球同步转移轨道卫星的运载能力达 4.5 吨。后来又研制出"大力神 4B"号火箭，用来发射"卡西尼"号土星探测器。

"土星"号巨型运载火箭

"土星"号运载火箭是在美国火箭专家冯·布劳恩主持下研制设计的，主要为登月计划服务。从 1964 年开始实施土星巨型登月火箭研制计划，至 1967 年的 3 年间相继研制成功"土星 1"号、"土星 1B"号、"土星 5"号等几种型号的巨型运载火箭。各型号情况如下：

① "土星 1"号——两级火箭，1964 年首先研制成功。火箭长 38.1 米，直径 5.58 米，发射重量 502 吨，近地轨道的有效载荷为 10.2 吨。它曾用来试验发射"阿波罗"号飞船模型。

② "土星 1B"号——"土星 1"号的改进型，为两级火箭，1966 年研制

成功。火箭长 68.3 米，直径 6.6 米，发射重量 590 吨，最大有效载荷 18.1 吨。从 1966 年到 1975 年共发射 9 次，除做运载"阿波罗"号飞船实验外，还 3 次将宇航员送上太空实验室空间站和 1 次发射"阿波罗"号载人飞船与苏联的"联盟"号飞船对接。

③ "土星 5"号——世界上最大的巨型运载火箭，是三级火箭，1967 年研制成功。火箭全长 110 米，直径 10.1 米，起飞重量 2950 吨，近地轨道的有效载荷达 139 吨，飞往月球轨道的有效载荷为 47 吨。从 1967 年到 1973 年共发射 13 次，其中 6 次将"阿波罗"号载人飞船送上月球。"土星 5"号在人类航天史上写下了最为光辉的一页。

欧洲空间局著名的运载火箭系列

在法国的倡议下，西欧法、英、德、意等 11 个国家于 1973 年 7 月成立了欧洲空间局，着手研制"阿里亚娜"系列火箭（阿里亚娜是古希腊神话中一位美丽公主的名字）。

"阿里亚娜"系列运载火箭至今已研制 5 种型号："阿里亚娜 1"号、"阿里亚娜 2"号、"阿里亚娜 3"号、"阿里亚娜 4"号和"阿里亚娜 5"号。下面详细介绍"阿里亚娜"系列火箭的研制和发射概况。

"阿里亚娜 1"号火箭

1979 年 12 月 24 日第一枚"阿里亚娜 1"号火箭发射成功。它是三级火箭，长 47.39 米，直径 3.8 米，发射重量 200 吨，能将 1.7 吨的有效载荷发射到地球同步转移轨道。"阿里亚娜 1"号火箭发射 11 次，其中 1 次失败。

"阿里亚娜 2"号火箭

"阿里亚娜 2"号火箭研制和发射不甚理想，没有大量投入使用。"阿里亚娜 2"号比"阿里亚娜 3"号晚 2 年发射，即 1986 年才发射，运载能力只有 2.2 吨。1986 年 5 月 31 日首次发射失败，以后连续发射 5 次均成功。

"阿里亚娜 3"号火箭

1984 年 8 月 4 日发射成功第一枚"阿里亚娜 3"号火箭。它的低轨道运载能力为 2.7 吨，共发射 11 次，其中 1 次失败。

"阿里亚娜4"号火箭

1988年6月15日，第一枚"阿里亚娜4"号火箭发射成功。它的同步转移轨道运载能力为1.9吨到4.2吨，现已发射25次，有1次失败。"阿里亚娜4"号火箭又分5种型号。第一种是AR40，同步轨道运载能力为1.9吨；第二种是AR42P，带有2个固体捆绑式助推火箭，有效载荷增加到2.6吨；第三种是AR44P，带有4个固体捆绑式助推火箭，有效载荷为3吨；第四种是AR42L，采用2个液体助推火箭，有效载荷3.2吨；第五种是AR44L，采用4个液体助推火箭，同步转移轨道运载能力达4.2吨，它是"阿里亚娜"系列火箭中较大的一种型号。

"阿里亚娜5"号火箭

欧洲空间局从1985年开始研制"阿里亚娜5"号火箭，计划1996年投入使用，用于发射6.8吨的地球同步轨道卫星。1997年发射时失败。直到1998年发射成功。

"阿里亚娜"系列火箭的成功，是欧洲联合自强的象征，它在国际航天市场的角逐中占有重要地位，世界商业卫星的发射业务大约有60%由"阿里亚娜"系列火箭承担，在国际上有较高声誉。

中国著名的运载火箭系列

中国的运载火箭可与"阿里亚娜"系列火箭等齐名的是"长征"系列火箭。以其发展时间不同、载荷量不同以及助推方式的不同（有多级和捆绑式），中国"长征"系列火箭分"长征1"号，"长征2"号（2A、2B、2C、2D、2E、2F），"长征3"号（3A、3B），"长征4"号，"长征5"号，"长征6"号，"长征7"号。

中国的火箭事业起步于20世纪50年代，在苏联人的帮助下，首先研制成功地一地导弹。导弹就是火箭的前部装上弹头（又称作战部）和控制导航系统而成。如果将弹头换成卫星或其他航天器或箭体上背上航天器（或航天飞机），改进一下控制部，导弹就变成了运载火箭。我国后来发展的"长征"系列火箭就是在此基础上，再加上自力更生，艰苦奋斗而诞生的。

"长征"系列运载火箭介绍

"长征1"号是用来发射"东方红1"号卫星的，1970年4月24日发射成功，这大大鼓舞了中国人民的信心。此后又用它发射多枚卫星。

"长征1"号又记做CZ—1或LM—1。"长征1"号是三级火箭，全长29.45米，最大直径2.25米，起飞重量81.6吨，起飞推力112吨，能把0.3吨重的卫星送入400多千米高的近地。

"长征2"号的前身是中远程导弹，"长征2"号第一级发动机推力达70吨，比"长征1"号的同级发动机（推力为28吨）提高许多。但"长征2"号第一次发射失败（1974年11月5日发射，因一条导线断裂而导致全局失败），以后（1975年11月26日，1976年12月7日，1978年1月26日）用它发射返回式卫星皆成功，1979年停产。

"长征2"号是两级火箭，全长31.65米，最大直径3.35米，起飞重量191吨，总推力280吨，能把1.8吨的卫星送入数百千米的椭圆轨道。

"长征3"号主要是用来发射地球同步卫星的。由于地球同步轨道较高（高达36000千米），故需要大推力火箭。所以"长征3"号火箭的第三级火箭发动机改为用液氢和液氧作低温高能推进剂，它燃烧效率高，在飞行中可两次点火（在飞行中关机后可再次点火）。

1984年4月8日我国用"长征3"号运载火箭首次成功地将"东方红2"号实验通信卫星成功发射到地球同步轨道，从而使我国成为第三个使用低温高能推进剂——液氢液氧的国家；成为第二个掌握高空、微重力条件下发动机两次点火的国家。

火箭全长43.25米，一、二级直径3.35米，三级直径2.25米，起飞重量204吨，起飞推力296吨，其同步转移轨道的运载能力为1.4吨。至1993年底，它成功发射6颗应用通信卫星（包括为亚洲卫星公司发射的"亚洲1"号通信卫星）。"长征3"号火箭的发射成功，标志着中国运载火箭跨入世界先进行列。

"长征4"号是作为"长征3"号的备份用的。采用技术较成熟的常规推进剂——四氧化二氮和偏二甲肼。后改进成"长征4"号甲，用来发射太阳同步气象卫星，也用来发射极地卫星。我国1988年9月7日在太原发射中心用它发射"风云1"号气象卫星成功；1990年9月3日在发射2颗"风云1"

号气象卫星时还搭乘了 2 颗"大气 1"号气象卫星,从而使"长征 4"号名声显赫。

"长征 4"号火箭与"长征 3"号尺寸差不多,运载能力也相近,但发射重型卫星仍不能胜任。火箭全长 41.9 米、一、二级直径 3.35 米,三级直径 2.9 米,起飞重量 249 吨,起飞推力 296 吨,其地球同步转移

中国"长征 4"号火箭发射图

轨道的运载能力为 1.25 吨,太阳同步轨道的运载能力为 1.65 吨。

"长征 5"号运载火箭系列是以 120 吨和 50 吨 2 种发动机为基础,构成 5 米直径、3.35 米直径和 2.25 米直径三种模块,形成"通用化、系列化、组合化"的新一代运载火箭系列。

21 世纪,中国载人航天迅速发展,因此,"长征"系列火箭将会发挥更大的作用,为中国的航天事业增光添彩。

火箭级数

运载火箭如按级数来分,可分为单级火箭、多级火箭。其中多级火箭按级与级之间的连接形式来分,又可分为串联型、并联型(俗称捆绑式)、串并联混合型三种类型。串联型多级火箭级与级之间的连接分离机构简单,但串联后火箭总长较长、火箭的长细比(长度与直径之比)大,给设计带来一定的困难;发射时,这种火箭竖起来后太高,给发射操作带来不便;同时,其上面级的火箭发动机要在高空点火,点火的可靠性差。并联型多级火箭采用横向捆绑连接,连接分离机构稍复杂,但其中间芯级第一级火箭采用横向捆绑的火箭可在地面同时点火,避免了高空点火,点火的可靠性高。我国的"长征 2"号运载火箭则是一枚串并联混合型的两级半火箭,其中第一级火箭周围捆绑了 4 枚助推器只能算半级。

遨游太空的宇宙飞船

AOYOU TAIKONG DE YUZHOU FEICHUAN

　　宇宙飞船是一种运送航天员、货物到达太空并安全返回的一次性使用的航天器。它能基本保证航天员在太空短期生活并进行一定的工作。它的运行时间一般是几天到半个月，一般乘2到3名航天员。

　　世界上第一艘载人飞船是苏联的"东方1"号，由两个舱组成，上面的是密封载人舱。

　　至今，人类已先后研制出三种构型的宇宙飞船，即单舱型、双舱型和三舱型。其中单舱式最为简单，只有宇航员的座舱，美国第1个宇航员艾伦·谢泼德就是乘单舱型的"水星号"飞船上天的；双舱型飞船是由座舱和提供动力、电源、氧气和水的服务舱组成，它改善了宇航员的工作和生活环境，世界第1个男女宇航员乘坐的苏联"东方号"飞船就属于双舱型；最复杂的就是三舱型飞船，用于增加活动空间、进行科学实验等，苏联的"联盟"系列和美国"阿波罗"号飞船是典型的三舱型。

　　宇宙飞船与返回式卫星有相似之处，但要载人，故增加了许多特设系统，以满足宇航员在太空工作和生活的多种需要。例如，用于空气更新、废水处理和再生、通风、温度和湿度控制等的环境控制和生命保障系统、报话通信系统、仪表和照明系统、航天服、载人机动装置和逃生系统等。

第一个载人飞天的"东方1"号飞船

"东方"号飞船属于苏联最早的载人飞船系列,从1961年4月—1963年6月共发射6艘。而"东方1"号飞船则是世界上第一个载人进入外层空间的航天器。

资料显示,该飞船由球形密封座舱和圆柱形仪器舱组成,重约4.73吨。在轨道上飞行时与圆柱形的末级运载火箭连在一起,总长7.35米。"东方"号飞船由密封座舱(2400千克)和工作舱组成,质量约4730千克。

该飞船的球形座舱直径为2.3米,可乘坐1名航天员,舱壁上有3个舷窗。舱外表面覆盖一层防热材料。座舱内有可供飞行10昼夜的生命保障系统、弹射座椅和无线电、光学、导航等仪器设备。"东方"号飞船在返回前抛掉末级运载火箭和仪器舱,座舱单独再入大气层。当座舱下降到离地面约7千米高度时,航天员弹出飞船座舱,然后用降落伞单独着陆。仪器舱位于座舱后面,舱内装有化学电池、返回反推火箭和其他辅助设备。值得一提的是,"东方"号飞船既可自动控制,也可由航天员手控。资料表明,飞船飞行轨道的近地点约为180千米,远地点为222千米—327千米,倾角约65°,周期约89分钟。

1961年4月12日,苏联航天员加加林乘坐"东方1"号飞船,绕地球飞行108分钟后,安全返回地面,开始了世界载人航天的新时代。

苏联屡获第一的"上升"号飞船

"上升"号宇宙飞船重5.32吨,和"东方"号宇宙飞船相比,有了很大改进,即当它从轨道返回时,宇航员不用弹射脱离座舱而是和飞船一起进行软着陆。飞船的两套制动火箭系统和新式的着陆装置,能使它软着陆时的速度"几乎等于零"。"上升"号飞船内设3个座位,宇航员在座舱里可以不穿密闭的宇宙服活动。

"上升"号飞船一共进行了2次发射。1964年10月12日发射的"上升1"号飞船在轨道上飞行了24小时17分钟,3位宇航员完全处于自由状态,

"上升"号载人飞船

不管工作、饮食、休息，都不扎上皮带，以充分体验失重状态对人体机能的影响。1965 年 3 月 18 日发射的"上升 2"号宇宙飞船中 2 名宇航员中的一位，穿上了特制的宇宙服，在宇宙空间自由飘动，最远飘离飞船 5 米。对于"东方"号和"上升"号飞船的上天，苏联的舆论工具曾作了大量的宣传，充分赞扬了苏联宇航方面的成就。

1964 年 10 月 12 日，"上升 1"号准时发射，在环绕地球的轨道上飞行了 17 圈。但整个航行没有获得任何具有科学价值的成果。10 月 13 日，"上升"号飞船安全返回地面。

事实上，"上升 2"号飞船的飞行，也是美苏太空竞赛的一种表现方式。苏联早就得到消息，美国"双子星座"宇宙飞船上的宇航员要试验空间"行走"，后来更得到了确切的发射日期：1965 年 3 月 23 日。为了抢时间，赶在美国前头实现宇航员宇宙"行走"，苏联于 3 月 18 日发射了"上升 2"号飞船，再一次获得了一个"第一"。美国宇航员到宇宙中"行走"，计划是降低座舱压力，打开舱口出入的。苏联采用了一个简便办法，在舱口安装了一个轻便的出入管道。进入宇宙的宇航员先进入这个管道，由另一名宇航员从后面封闭管道口，然后那位宇航员就能打开舱口进入宇宙。

苏美太空竞赛

太空竞赛是指约从 1957 年到 1975 年期间，美国和苏联在开发人造卫星、载人航天和人类登月等空间探索领域的竞争。

太空竞赛的技术条件可以追溯到"二战"时期火箭技术的成熟，但竞赛开展的本身源于"二战"后国际关系的紧张以及冷战的开始，一般认为1957年10月4日苏联第一颗地球人造卫星"史泼尼克1"号标志着太空竞赛的正式开端。由于涉及尖端技术和国防科技，"太空竞赛"在一定意义上也是"军备竞赛"的一种体现。比起其实际意义来讲，太空技术因其在军事上的应用潜力和鼓舞人心的巨大作用而成为这场角逐中的焦点。

苏联第三代载人飞船系列——"联盟"号

"联盟"号是苏联研制的第三代载人飞船的名字。与之相对应的载人航天计划也被称之为"联盟"计划。"联盟"号飞船是苏联在积累了多年经验之后，所开发出来的一种最成熟的载人航天器。由"联盟"号飞船衍生出的"联盟T"，是"联盟"号的直接升级物和替代品；而"联盟TM"相对"联盟T"进行了更多的改进，是俄罗斯航天部门现在拥有的唯一一种可载人航天器，也是可向国际空间站输送宇航员的仅有的两种工具之一（另一种是美国的航天飞机）。

"联盟"号宇宙飞船是一种多座位飞船，内有一个指挥舱和一个供科学实验和宇航员休息的舱房。"联盟"号第一次发射是在1967年4月23日，飞行目的是演练这种新的宇宙飞船各个系统的工作情况。不幸的是它酿成了一场悲剧。该飞船在飞到第18圈时，操纵和稳定飞船明显发生了困难，即在从地面起飞26小时45分钟后，航天员开始做再入大气层的定向操纵和启动反推火箭的时候，事故发生了，飞船意外地以每小时644千米的速度撞到地面，宇航员弗拉基米尔·科马罗夫上校当即死亡。

后来科学家们分析指出，由于轨道机动或者在再入大气层过程中出现的旋转，使回收降落伞的吊伞索缠在一起。因而，在打开降落伞时不能展开，降落伞变成了一条"飘带"，才造成了悲剧的发生。

事实上，"联盟1"号在发射前曾使用计算机有系统地检查了火箭的每一个部件。研究人员为谨慎起见，第一次飞行只选了1名宇航员，他就是弗拉基米尔·科马罗夫。他是苏联宇航员中技术最好的人之一，也是第一个两次进入外层空间的人，可是在这第二次飞行即将结束时，他却丧了命。

"联盟 1"号的失事使苏联的载人宇航推迟了 18 个月,直到 1968 年 10 月 26 日苏联才发射了一艘新的"联盟"号飞船。此次,"联盟 3"号宇宙飞船由宇航员别列戈沃伊驾驶在轨道上飞行了 4 个昼夜,然后平安返回地球。在这次飞行中,别列戈沃伊取得的最大成绩是在空间轨道试图和一架无人驾驶的"联盟 2"号飞船对接。别列戈沃伊让他的飞船和"联盟 2"号自动接近到相距 200 米处,然后改用手动操纵系统,使 2 个飞船靠近到仅数米的距离。苏联的第一次飞船对接是在 1969 年 1 月完成的。弗拉基米尔·沙塔洛夫驾驶的"联盟 4"号飞船同"联盟 5"号飞船实行了接近和对接。"联盟 5"号上的宇航员阿列克谢·叶利谢耶夫和叶夫根尼·赫鲁诺夫穿上宇宙服进入了"联盟 4"号。苏联人把对接后的组合飞船称为"世界上第一个宇宙空间站"。

在随后的 1969 年 10 月 11 日、12 日、13 日,苏联接连 3 天发射了"联盟 6"号、"联盟 7"号和"联盟 8"号 3 艘飞船,在轨道上进行了广泛的科学考察,其中包括在真空和失重情况下进行金属焊接的操作试验。此外,这 3 艘飞船还实行了协调动作的编队飞行。这 3 艘飞船的发射倾角是一样的,它表明它们是从同一个地点接连 3 天发射的,这在当时是在空间技术方面的一个重大突破。苏联频繁发射"联盟"号宇宙飞船的时候,正是美国实现"阿波罗"登月计划的时候。可以明显感到,苏联正致力于建立太空实验站的试验,太空站的问世已为期不远了。

1971 年 6 月 6 日,莫斯科时间 7 点 55 分,苏联又发射了"联盟 11"号宇宙飞船,并在轨道上与"礼炮 1"号对接成功。第二天,"联盟 11"号飞船上的 3 名宇航员于莫斯科时间 10 点 45 分进入"礼炮"号太空站的舱室,使之成为世界上第一个有人居住的太空站。美国 1973 年 5 月发射的第一个太空站虽然比"礼炮 1"号要大得多,但它毕竟晚了 2 年。

"礼炮—联盟"总重 25 吨以上,太阳能电池和化学电池供给它充足的电能。在密封舱里的宇航员共在太空站里度过了 23 个昼夜,进行了天文观测、生物医学试验、远距离摄影等科学考察和实验活动。当"联盟 11"号飞船结束考察奉命脱离"礼炮"号太空站,返回地面后,人们打开舱盖后简直大吃一惊:3 名宇航员都安详地死在自己的座位上,死前却一点预兆都没有。

"联盟 11"号飞船上 3 名宇航员是突然去世的。3 名宇航员去世的前一天——6 月 29 日,"礼炮—联盟"的一切工作依然严格按程序进行。他们在和地面飞行控制中心的无线电通信中,报告了他们的考察情况,并说"全体宇航员自我感觉良好"。在接到返回地面的着陆指令后，"联盟11号"和太空站顺利脱开，单独飞行。此时飞船上的所有系统仍然一切正常。1971年6月30日凌晨1点35分，"联盟11"号飞船的制动发动机开始工作，然而当它工作结束后，地面控制中心与宇航员的联系突然中断了。

这次事故后，苏联又发射了4个"礼炮"号系列的太空站。这些太空站都有不同程度的改进，并多次和"联盟"号宇宙飞船实行对接。宇航员在轨道站上逗留的最长时间已达到63天，完成了许许多多科研项目，比如试验改进后的飞船的控制系统和生命保障系统，进行金属冶炼和晶体生长实验等。

美国第一代载人飞船系列——"水星"号

"水星"号飞船是美国的第一代载人飞船系列。从1961年5月～1963年5月共发射6艘。其中前2次是绕地球不到一圈的亚轨道飞行，而后4次则是载人轨道飞行。其主要目的是试验飞船各种工程系统的性能，考察失重环境对人体的影响、人在失重环境中的工作能力以及对发射和返回过程中遇到超重的忍耐力等。

该飞船总长约2.9米，最大直径1.8米，重1.3吨～1.8吨。由圆台形座舱和圆柱形伞舱组成。在发射时，"水星"号飞船的顶端还有一个高约5米的救生塔。座舱内可乘坐1名航天员，设计的最长飞行时间为2天。航天员躺在特制的座椅上，通过飞船舷窗、潜望镜和显示器可观测地球表面。在座舱外面大钝头处覆盖一层很厚的防热材料。在飞船返回前点燃制动火箭，然后抛弃制动火箭组合件，再入大气层，下降到低空时打开降落伞，航天员与飞船一起溅落在海上，由直升机和打捞船只回收。

1961年5月5日，"水星"号飞船进行了首次亚轨道载人飞行，飞行高度为186千米，飞行距离约为480千米，飞行时间15分22秒，其中失重5分4秒，最后飞船在大西洋上降落。在同年的7月21日，"水星"号飞船进行了第二次亚轨道载人飞行，飞行高度为190千米，飞行距离488千米。在空间运行中，航天员曾试验使用手控装置保持飞行路线，进行滚动和偏航飞行，拍摄了地球陆地构造、气象云图和天体等照片。航天员发现在轨道飞行中通

过舷窗观测地平线和天体，可使飞船正确定位，从而可取消座舱中笨重的潜望镜，使飞船作漂移式飞行，以节省燃料。

"水星"计划共耗资 3.926 亿美元，其中飞船为 1.353 亿美元，占总费用的 34.5%；而运载火箭为 0.829 亿美元，占总费用的 21.1%；地面跟踪网为 0.719% 亿美元，占 18.34%；运行和回收操作费用为 0.493 亿美元，占 12.6%；其他设施为 0.532 亿美元，占 13.46%。

美国第二代载人飞船系列——"双子星座"号

"双子星座"号系列飞船是美国的第二代载人飞船，"双子星座"号系列飞船先后进行了 12 次飞行试验，其中 2 次无人飞行和 10 次载人飞行。"双子星座"计划共耗资 12.834 亿美元，其中飞船为 7.974 亿美元，占总费用的 62%；运载火箭为 4.098 亿美元，占总费用的 31.93%；支援设施为 0.762 亿美元（其中用于改造全球通讯设备为 5600 万美元），占总费用的 5.94%。"双子星座"计划主要是为阿波罗载人登月计划提供飞行经验，准备各种技术条件。

在某种意义上讲，"双子星座"号飞船形状与"水星"号飞船有相似之处，他们基本呈圆锥—钟形，全长 5.7 米，底部最大直径 3 米，重 3.0 吨—3.9 吨。

"双子星座"号飞船的返回舱里乘 2 名航天员，全长 3.4 米，最大直径为 2.3 米，航天员活动空间 2.55 立方米。总重量 1982 千克，其中包括 2 名航天员的体重 144 千克和座椅的重量 426 千克。舱内用纯氧，压力 340 毫帕。

而其设备舱则长 1.4 米，最大直径 3.05 米，重 1278 千克，其中环控生保系统的重量为 117 千克。

飞船结构采用分舱段布局原则，把每个分系统的所有部件都放置在一个紧凑的舱体内，这样既便于检查和组装，又便于出故障时更换。从第五艘到第十二艘"双子星座"飞船都是用了燃料电池，这种电池结构较简单、紧凑，能耐冲击和振动，体积小、重量轻、比功率高。此外，飞船还采用弹射座椅作为紧急救生手段，它不仅在发射阶段而且在着陆阶段可为航天员提供一种救生手段。

那么，"双子星座"飞船主要都完成了什么任务呢？

1958 年，美国宇航局总部和太空任务小组开始考虑"水星"载人航天计划之后美国的载人航天计划的目标和任务。以吉尔罗斯和费格特为首的太空任务小组对此尤为关心，他们认为这项计划应在"水星"计划已完成的任务基础上，主要实现两大目标：载人轨道飞行时间大大延长，达到 1 周以上；实现飞船在轨道上机动、交会和对接。

1961 年，当美国制定了"阿波罗登月计划"后，这一计划的任务更加明确起来，即为完成登月任务探索、试验新技术，最重要的有两方面：一是将载人飞行时间延长到 2 周，以充分研究人在太空生活和工作的适应性；二是完成两个航天器在轨机动、交会和对接。这两大任务在登月期间都会遇到。这样，"双子星座"计划就变成"阿波罗"计划的辅助项目。

作为一项既是独立的又是过渡性的计划，"双子星座"计划取得了许多开创性成就，为"阿波罗"计划提供了极其宝贵的经验和技术成果，其中包括：

（1）提供了足够执行"阿波罗"计划的长时间飞行经验，包括生理、医学、生活等方面。

（2）验证了飞船在载人条件下温度、供氧、压力长期工作的可靠性和寿命。

（3）完成了最重要的飞行器交会与对接，为载人登月的月球轨道对接方案提供了有力的证据。

（4）完成了长达 2 小时以上的舱外活动，为宇航员在月面活动积累了经验。

（5）实现飞行器姿态控制、机动和变轨飞行。这是"阿波罗"计划必不可少的任务。

（6）实现受控再入，提高了落点精度，为宇航员的安全提供了更大的保障。

（7）飞船分成几段，在再入时只回收载人舱。"阿波罗"飞船也采用了这种格局。

（8）"双子星座"飞船的新型燃料电池获得了验证和改进，它成功用于"阿波罗"飞船。

（9）"双子星座"飞船存在的一些问题，如姿态控制系统的可靠性、救生系统故障、宇航服笨重、太空行走困难等被"阿波罗"计划广泛吸取并加以改进。

（10）"双子星座"计划还提供了宇航员训练、太空生活等方面的经验。此外，"双子星座"计划的历次飞行对"阿波罗"计划任务的确定提供了直接的指导。

（11）远距离对地通讯获得发展和验证。

（12）地面各控制台站的工作满足远程太空飞行的要求。

此外，该计划还在对地观测、科学试验方面取得大量成果。

燃料电池

燃料电池是一种将存在于燃料与氧化剂中的化学能直接转化为电能的发电装置。燃料和空气分别送进燃料电池，电就被奇妙地生产出来。它从外表上看有正负极和电解质等，像一个蓄电池，但实质上它不能"储电"而是一个"发电厂"。它具有发电效率高、环境污染少等优点。

这种电池由一种或多种化学溶液组成，其中插入两根称为电极的金属棒。一个电极上的电势比另一个电极上的大，因此，如果这两个电极用一根导线连接起来，电子就会通过导线从一个电极流向另一个电极。这样的电子流就是电流，只要电池中进行化学反应，这种电流就会继续下去。手电筒的电池即是代表。

首次光临月球的"阿波罗"号飞船

美国的"阿波罗"计划是人类第一次登上月球的伟大工程，始于1961年5月，结束于1972年12月，历时11年7个月。"阿波罗"计划的目的是把人送上月球，实现人对月球的实地考察，并为载人行星探险做技术准备。"阿波罗"飞船由指挥舱、服务舱和登月舱3部分组成，发射上升段时还有救生塔。飞船总重量约50吨，高约16米，连同救生塔约25米。其中指挥舱为圆锥形，高3.5米，底部直径3.9米，重约6吨；服务舱是一个直径为3.9米、高7.6米的圆柱体，重约25吨；而登月舱高6.9米，宽4.3米，质量14吨。

事实上，"阿波罗"计划载人登月的技术途径是选用月球轨道交会方案，即将一艘载有 3 名航天员的飞船发射到月球轨道上，然后 2 名航天员乘登月舱在月面上降落，进行月面探险。另一名航天员仍留在指挥舱中绕月球轨道飞行，并进行科学实验。返回时，在月面上的 2 名航天员启动登月舱的上升段发动机，飞上月球轨道，与指挥舱交会对接。2 名航天员进入指挥舱后，抛弃登月舱的上升段，脱离月球轨道返回地球。在再入大气层前，抛弃服务舱，仅指挥舱在太平洋上降落。

"阿波罗"飞船研制出来后，相继进行过 6 次无人亚轨道和环地轨道飞行、1 次环地飞行、3 次载人环月飞行，最后才正式进行了登月飞行。1968 年 10 月 11 日发射的"阿波罗 7"号是第一艘载 3 名航天员的"阿波罗"飞船。在此之前，"阿波罗"计划中只做了不载人的飞行试验。自"阿波罗 7"号起，到"阿波罗 18"号为止，美国发射了 12 艘载人"阿波罗"飞船。

"阿波罗"登月计划的由来

1961 年 4 月 12 日，苏联宇航员加加林首次进入太空。这表明苏联在航天技术上已领先美国一步，也就是说在科技竞赛中美国处于劣势了。为了迎接苏联人的太空挑战，美国决定不惜一切代价，重振昔日科技和军事领先的雄风。

1961 年 5 月 25 日，肯尼迪在题为"国家紧急需要"的特别咨文中，提出在 10 年内将美国人送上月球。他说："我相信国会会同意，必须在本 10 年末，将美国人送上月球，并保证其安全返回"，"整个国家的威望在此一举"。于是，美国宇航局制订了著名的"阿波罗"登月计划。

阿波罗是古希腊神话传说中的太阳神，曾用金箭杀死巨蟒，替母亲报仇雪恨。美国政府用之命名登月计划，其心情可想而知。

中国的"神舟7"号载人飞船

"神舟7"号载人飞船是中国"神舟"号飞船系列之一，用"长征2"号 F 火箭发射升空，它是中国第三个载人航天飞船。

"神舟7"号载人飞船

"神舟7"号飞船由轨道舱、返回舱和推进舱构成，全长9.19米，重达12吨。下面简单介绍一下"神七"载人飞船的各部分构成。

轨道舱

作为航天员的工作和生活舱，以及用于出舱时的气闸舱，配有泄复压控制、舱外航天服支持等功能。内部有航天员生活设施。轨道舱顶部装配有1颗伴飞小卫星和5个复压气瓶。无留轨功能。

返回舱

用于航天员返回地球的舱段，与轨道舱相连。装有用以降落的降落伞和反推力火箭，实行软着陆。

推进舱

装有推进系统以及一部分的电源、环境控制和通讯系统，还有一对太阳能电池板。

"神舟7"号飞船载有3名宇航员，分别为翟志刚（指令长）、刘伯明和景海鹏。此次飞行的主要任务是实施中国航天员首次空间出舱活动，同时开展卫星伴飞、卫星数据中继等空间科学和技术试验。

那么，为什么要在"神七"任务中释放一颗伴飞小卫星呢？这是因为"神五"、"神六"升空入轨后，均无法拍摄到飞船在太空中的外景照片，当时的电视直播也仅限于舱内。而"神七"释放伴飞小卫星后，将能弥补这一缺憾。据专家介绍，小卫星可近距离环绕、伴飞，因小卫星安装有CCD立体相机，可提供飞船在轨飞行时的首张三维立体外景照片。

专家介绍，作为"神七"载人航天应用方面的一项新技术试验——伴随飞行的试验，到现在为止进行得还是非常成功的。专家相信在今后载人航天工程当中伴随卫星是非常有用的工具。

资料显示，开展伴随卫星的试验，一方面是为以后的应用开拓一个新途径。小卫星的伴随，比如说空间站或者空间实验室，可以延伸大的飞行器的功能。此外，伴飞卫星的试验又可以对大的飞行器，比如为空间实验室和空间站进行服务，观测外表，检查可能的损伤，从而对大飞行器进行服务。

此次"神舟7"号准备了两套航天服，一套是俄罗斯海鹰号航天服，一套是中国自主研究的"飞天"号航天服。"飞天"号航天服接口各方面都是按照中国的模式来做的。"飞天"号是我们的自主知识产权，以后航天员出舱可能依赖中国造的航天服，而不是俄罗斯的航天服。这次外出行走的航天服是"飞天"，我们的航天服。

下面再简单介绍下有关"神舟7"载人飞船的几大应用系统：

飞船应用系统

该系统是一个实用性的系统，它与人们的生活、环境息息相关。飞船应用系统的主要任务是利用载人飞船的空间实验支持能力，开展对地观测、环境监测，进行材料科学、生命科学、空间天文、流体科学等实验，安装有多项任务的上百种有效载荷和应用设备。飞船试验阶段的应用属试验性质，实验内容非常广泛，研究成果将广泛用于医药发展、食品保健、防治疑难病症以及工业、农业等各行业之中。载人飞船系统采用由轨道舱、返回舱和推进舱组成的三舱、两对太阳电池帆板构型和升力控制返回、圆顶降落伞回收方案。其中轨道舱位于飞船的前部，装有船上各分系统为飞船自主飞行和留轨飞行工作所需的设备及有效载荷。

从1992年以来，应用系统完成了近200台全新有效载荷的研制，共200多台次有效载荷设备分别参加了"神舟1"号至"神舟5"号飞船的发射和在轨试验，取得了圆满成功；地面应用中心的接收、预处理、监控管理等系统全部无故障运行。建成了系统集成测试平台、有效载荷应用中心和空间环境预报中心，开展了67个课题的科学研究，创造了100多项具有自主知识产权的新技术、新方法，取得了丰硕的科技成果。

在对地观测方面，应用系统为我国成功地研制出中分辨率成像光谱仪、多模态微波遥感器、地球辐射收支仪、太阳紫外光谱监视器、太阳常数监测器等一批先进空间遥感器。其中，"神舟3"号中分辨率成像光谱仪，是继美国1999年发射MODIS之后进入空间的第二台中分辨率成像光谱仪，图像质量清晰，光谱分辨率好，应用部门已利用这些成果开展试验性应用研究，这标志着我国可见光和近红外遥感技术上了一个新的台阶，我国可见光和近红外遥感技术已跨入美国和欧共体等国际上先进行列；"神舟4"号多模态微波遥感器，在轨运行取得大量具有应用价值的科学数据，一举试验成功微波辐射计、微波高度计和微波散射计，是我国空间遥感技术的重要突破；配合微波高度计的飞船精密定轨，达到我国低轨道空间飞行器全球定轨的最高精度；卷云探测仪具有探测大面积卷云和薄卷云的能力，结果超出预期，受到用户的高度评价，为我国首次实现对全球环境重要参数绝对量的探测，对太阳和地—气紫外、太阳常数和地球辐射收支状态等进行了系统监测，观测成果达到国际水平。

在空间生命及微重力科学领域，研制了一批先进的实验装置，进行了数十项空间实验。其中微重力液滴热毛细迁移的空间实验和理论研究，达到国际领先水平；空间细胞培养、细胞电融合、蛋白质结晶、空间生物效应和空间连续自由流电泳，以及在空间微重力条件下进行的金属合金、氧化物晶体、半导体光电子材料的生长实验，也取得了丰硕的科学成果，部分已经达到国际先进水平。

在空间天文方面，在国内率先对宇宙及太阳的高能暴发现象进行空间观测，取得了 γ 射线暴探测研究的重要成果。载人航天工程一期空间科学计划的成功，使我国掌握了空间科学实验的重要关键技术，空间科学实验和探测水平跨上了一个新台阶。作为为载人航天安全保障而安排的空间环境监测及预报研究，获取了大量有价值的飞船轨道空间环境参数，准确预报了对飞船发射有危害的流星暴事件和其他灾害性空间环境状态，保障了飞船和航天员的安全，建立了空间环境预报中心，有力地推动了我国空间环境预报保障体系的建设和发展，同时促进了相关学科的研究水平。

发射场系统

载人航天发射场的基本任务是：为运载火箭、飞船、有效载荷提供满足技术要求的转载、总装、测试及运输设施；为航天员提供发射前的生活、医监、医保和训练设施；为载人飞船发射提供全套地面设施；组织、指挥、实施载人飞船的测试、发射及飞行上升段的指挥、调度、监控、显示和通信；组织、指挥、实施待发段和上升段的应急救生；完成运载火箭上升段的跟踪测量和安全控制；为航天指挥控制中心提供有关参数和图像；提供载人航天发射区的后勤服务，保障酒泉卫星发射中心载人航天发射场发射。

酒泉卫星发射中心又称"东风航天城"，是中国科学卫星、技术试验卫星和运载火箭的发射试验基地之一，是中国创建最早、规模最大的综合型导弹、卫星发射中心，也是中国目前唯一的载人航天发射场。随着任务的变化，发射场在"神七"任务中不仅要为舱外航天服提供测试环境和技术保障，还要重新制定测试和发射流程，把舱外航天服与飞船的联试、舱外航天服与火箭的联试等纳入测试流程。

测控通信系统

如果把航天器比作风筝，测控站和分布在三大洋的远洋测量船就是牵住风筝的那一根线，地面的控制系统就像放风筝的人。测控与通信总体方案设计水平的高低，直接关系着载人航天工程的成败。

当运载火箭发射和载人飞船上天飞行以及返回时，需要靠测控通信系统保持天地之间的经常性联系，完成飞船遥测参数和电视图像的接收处理，对飞船运行和轨道舱留轨工作的测控管理。这个测控通信系统由北京航天指挥控制中心、陆上地面测控站和海上"远望"号远洋航天测量船队组成，执行飞船轨道测量、遥控、遥测、火箭安全控制，航天员逃逸控制任务等。

我国航天器测控系统已经形成了以西安卫星测控中心为中枢，以10多个固定台站、活动测控站和"远望"号测量船为骨干的现代化综合测控网。在载人航天工程中，我国的飞船测控系统使用了统一 S 波段系统，通过同一套发射机和天线系统、接收设备发送或接收遥测和遥控信号以及话音和电视信号。探月的号角吹响后，我国的航天测控网又开始建设探月测控系统，月球探测二期工程将建设 35 米口径天线深空测控网，提高我国深空测控的能力。未来我国还将进一步加强深空测控领域的国际合作。

着陆场系统

飞船着陆场系统是指担负对飞船再入轨迹的捕获、跟踪和测量，搜索并回收返回舱，以及对航天员出舱后进行医监医保、医疗救护和紧急后送等相关分系统的总称。

着陆场是我国载人航天工程新增加的一个系统。着陆场系统的主要任务是：飞船在太空飞行后，从返回舱再入大气层开始，利用先进的无线电测量

系统，对目标进行捕捉、分析和落点预报，然后组织迅速逼近返回舱，并且对返回舱进行处置，且将其安全运回基地。着陆场系统还包括：飞船上升段陆上和海上应急返回搜救分系统，在海上救生区部署了专门的打捞救生船和直升机，配备了能在复杂海况下打捞漂浮在海面上的返回舱的设备。

要让在300多千米高空飞行的飞船准确降落在旋转着的地球上的预定地点，肯定不是一件简单的事情，它需要多种技术保障，要有非常可靠的控制系统、跟踪系统和安全的着陆场系统。苏联曾有一次飞船返回时，因控制系统发生偏差，飞船偏离预定着陆点1000多千米。结果当飞船降落到距地面一定高度时，3名宇航员从飞船弹射出来后（那时是乘降落伞着地，不是乘飞船直接着地），有2个宇航员落地了，还有1个宇航员掉到了森林里。由于直升机无法在森林着陆，只得专门派伐木工人紧急赶至现场，开辟一个停机坪，让直升机降落才把人救走。当时天气很冷，航天员在森林里冻了一天一夜，差点冻死。所以除了对飞船的控制、跟踪技术非常重要外，飞船着陆场地的选择和建设也是非常有讲究的。

当然，飞船的着陆场不是像跳伞员降落地点那样，在一块平坦的地面上画个圈，做个明显标志，跳伞员自己控制降落伞，落到里面就行了的。飞船着陆场的选择远不是这样简单，它的建设是一个非常复杂的系统工程。

"神舟1"号飞船

"神舟1"号是中国载人航天计划中发射的第一艘无人实验飞船，飞船于1999年11月20日凌晨6点在酒泉航天发射场发射升空，承担发射任务的是"长征2"号载人航天火箭。在发射点火10分钟后，船箭分离，并准确进入预定轨道。飞船入轨后，地面的各测控中心和分布在太平洋、印度洋上的测量船对飞船进行了跟踪测控，同地，还对飞船内的生命保障系统、姿态控制系统等进行了测试。

"神舟1"号飞船于21日凌晨3点41分顺利降落在内蒙古中部地区的着陆场。飞船在太空中共飞行了21个小时。这次试验飞行没有载人，主要验证了有关创新技术。它是中国载人航天工程的首次飞行，标志着中国在载人航天飞行技术上有了重大突破，是中国航天史上的重要里程碑。

来去自由的航天飞机

LAIQU ZIYOU DE HANGTIAN FEIJI

虽然载人飞船实现了人类进入太空的梦想，但无论是登上月球的"阿波罗"，还是经久耐用的"联盟"号，在将人类送入太空之后，返回地球的都只是载有航天员的座舱，整个飞船的其余部分不是留在了太空，就是在返回地球时被焚毁，而就是返回地球的部分也不可能再次进入太空。这也就意味着每次太空飞行，都需要研制一艘新的载人飞船，这无疑提高了太空飞行的成本。

美国于1962年制造了X—15火箭飞机，用一台推力为26多吨的液体火箭推动飞机飞行，创造了6倍音速的世界纪录；1967年这架飞机飞行高度达到了108千米。

此后，以美国为主的西方各国致力于火箭飞机的设计、研究，他们将火箭飞机与空间站等许多未来的太空飞行器设想联系在一起考虑，希望火箭飞机能成为未来太空站与地球之间的桥梁。

1972年1月，美国政府正式批准开展航天飞机的研究，它实际上是人们一直孜孜不倦追求的火箭飞机。10年以后，第一架航天飞机"哥伦比亚"号终于升空了。航天飞机正如它英文的字面意思"穿梭机"一样，往返于太空与地球之间。

揭秘航天飞机的结构

通过报纸或电视我们经常可以看到航天飞机，在各种媒体中我们也可以看到航天飞机令人惊心的发射场面，而对于航天飞机的认识可能也就只有发射时冒起的滚滚浓烟。可航天飞机究竟是什么样的？

航天飞机的轨道器

其实，在技术上这个词指的是一个航天交通系统，它包括三个部分：轨道器、外贮箱和固体火箭助推器。

轨道器是航天飞机系统中最主要的部分，也是唯一进入轨道飞行的部分。其形状与飞机非常相似，大小与一般的中型商业客机差不多。整个轨道器可以分为前、中、后三段。前段主要是航天员工作生活的机组座舱，中段是有效载荷舱，后段是航天飞机和轨道舱的动力系统。

机组座舱同载人飞船的返回舱、轨道舱一样，提供了航天员在整个飞行期间的生存环境和活动空间。座舱的空间比载人飞船的空间要大，但是一般情况下，座舱内要有 7 名航天员，如果有紧急情况，乘员还要增加到 10 名，这样空间似乎还是显得有些狭小。

机组座舱分为两层，顶层为飞行舱，里面装有上升、着陆及在轨期间驾驶轨道器所需的各种控制器。飞行舱的前部非常像客机的驾驶舱，透过窗口航天员可以看到外面的景象。飞行舱的后墙有两个观察窗，透过这两个窗口，航天员可以直接观察有效载荷舱，在太空中他们操纵后墙上的各种仪器来控制有效载荷舱内的系统。飞行舱后部的天花板上同样有两个观察窗，给航天员提供了更为广阔的视野。

在飞行舱的下面是航天员的生活间，被称为中舱。中舱实际上是航天员的生活间，所有的食品和生活用品都储存在这里。中舱内和飞行舱间有两个通行舱口可以使航天员在两舱之间自由通行。中舱一侧的机组通行舱门是航天员在地面上进出轨道舱的唯一通道。在中舱的后面有一气闸舱，是航天员在太空中进入太空，或进入未加压有效载荷舱的通道。

有效载荷舱占据了整个轨道器的大部分，舱内装的是由轨道器送入太空的卫星，或者是为航天员提供科学试验空间的小型实验室。它有两扇从中间对开的舱门。舱门分为内外两层，外层是防热层，内层是辐射冷却器。在轨道器上升和返回时舱门处于关闭状态，以保护放在载荷舱内的货物。而在轨期间舱门则一直开着，这样可以起到散热的作用。

轨道器后段的动力系统包括有 3 台主发动机，航天飞机发射时，这些发动机提供了轨道器进入轨道的部分推进力。主发动机的两侧各有 1 个轨道机动发动机，采用轨道器自身携带的甲基肼和四氧化二氮作为推进剂，用于主发动机关闭后的轨道器加速、变轨或交会，以及返回制动的推力。它可以持续工作 15 个小时，重复启动 1000 次。

为了进行轨道器的姿态控制和交会、入轨控制，轨道器的尾端两侧还装有 24 台反作用控制发动机，可重复启动 50000 次，同样的发动机在飞行舱前面的机头还有 14 台。在机头和机尾还装有 6 台微调发动机，可进行 50 万次的启动。这些发动机合起来称为反作用控制系统，推进剂由轨道器携带。这些发动机通过复杂的控制系统控制其点火时间，可以调整轨道器的姿态。

应该注意，轨道器只提供了在轨飞行期间的推进剂，并没有提供发射时主发动机所需的推进剂。考虑轨道器进入轨道需要燃烧大量的推进剂，而要把这些推进剂都贮存在轨道器内是很不合适的，于是设计人员在轨道器之外设计了一个专门携带推进剂的外贮箱。

外贮箱有两个贮箱组成，上端的贮箱内部装有液氧，下端的贮箱装有液氢。中间由一个连接舱连接。虽然看上去液氢贮箱的体积比液氧的大很多，但是因为液氧比液氢重 16 倍，所以装满推进剂后，液氢的重量只是液氧的 1/6。在与轨道器连接时，液氧和液氢各通过一根管子从贮箱底端流入轨道器。当主发动机开始工作时，通过这两根管子流入发动机的液体可以很轻松地在 25 秒之内就把一个中等大小的游泳池灌满。

由于液氧和液氢的沸点约为零下一两百摄氏度，因此很容易就会汽化。为了使汽化的程度尽量减小，在外贮箱的外表面覆盖了一层薄薄的异氢尿酸泡沫，这种材料令外贮箱的表面呈橘红色。

在最初的飞行中，外贮箱被涂成了乳白色，这样做完全是为了美观，但

航天飞机的固体火箭助推器

在使用上毫无用处，因此后来不再使用这一做法。

有了外贮箱的航天飞机重量加大，特别是灌满了推进剂后，如果只用轨道器上的主发动机，根本不能使它们离开地球表面，于是外贮箱的两侧又连接了两个固体火箭助推器。

为了降低研制成本，助推器采用了分段结构，推进剂分别装入四段。最上端整流罩内装有推进剂点火装置、电子设备、应急自毁装置和减速伞，最下端是可调节方向的喷口，偏转角度6.65°。

之所以采用这种分段结构，最大的好处在于方便推进剂的灌装。固体推进剂在灌装前呈橡皮膏似的黏稠液体，灌入助推器后，要经过几天的干燥才能形成固态。整个灌装和干燥的过程要绝对保证推进剂的搅拌均匀，否则会影响发动机效率。比较之下，灌四个小段当然比灌一个长段要容易得多。

助推器各段之间的连接也是极其讲究的，要严格保证推进剂的密封性，防止高温燃气泄漏。虽然NASA（美国中央航空航天局）工作人员很早就注意到了这个问题，但还是在1986年"挑战者"号航天飞机的发射中付出了血的代价。

液　氢

氢的液化采用压缩、膨胀、冷却、压缩循环过程。液氢与液氧组成的双组元低温液体推进剂的能量极高，已广泛用于发射通讯卫星、宇宙飞船和航天飞机等运载火箭中。液氢还能与液氟组成高能推进剂。

液氢作为火箭发动机燃料有很多优点：①氢—氧反应释放的燃烧热大，是一般烃类燃料不能达到的。②液氢、液氧都是低温液体。液氢比热大，可同时用作火箭高温部件和发动推力室的冷却剂，回收的能量可再送入燃烧室使用，使发动机工作状况改善。③氢—氧燃料系统产生污染极少。

液氢—液氧火箭发动机曾为"阿波罗"宇宙飞船登月飞行和航天飞机的顺利发射提供过巨大能量。此类发动机也对我国"长征"运载火箭的连续多次发射成功作出了巨大贡献。

航天飞机的飞行原理与特点

航天飞机的飞行原理

前面我们讲过，航天飞机由轨道飞行器、固体火箭助推器和外挂贮箱3大部分组成，航天飞机起飞的动力源自2台巨大的集束式助推器和3台液体推进剂。在这些起飞动力装置中，中心部分是一个外形像一架三角翼滑翔机的轨道飞行器，它垂直发射，是航天飞机飞行时必不可少的配件，它在进入地球大气层后像普通飞机那样下滑着陆。

航天飞机在起飞时，利用外挂贮箱内的液氢推进剂作为主发动机的动力，贮箱随着推进剂的使用完毕而抛弃。另外，航天飞机还依据轨道飞行器顺利飞行；一般情况下，航天飞机的轨道飞行器可使用次数在100次以上，它有一个巨大的货舱，可以作为卫星及其他材料的存储点；大规模的太空作业时，还可将外挂贮箱带入轨道，作为航天站的核心部分。

1000千米以下是航天飞机近地轨道的飞行高度，向国际空间站运送宇航员和各种建设用部件和补养是目前航天飞机的主要任务，因为航天飞机的运载能力比较大，所以它往往采用多级组合形式。在需要高轨道运行有效载荷的时候，还可以由航天飞机将其送上近地轨道后再从这个轨道发射，使其进入高轨道，以完成最终任务。

航天飞机的特点

总结起来，航天飞机具有以下几大特点：

（1）作为地面与轨道间一种经常性的运载工具，航天飞机的一项重要使命和功能是向轨道上布置飞行器，并在轨道上检修和回收飞行器。这样一来，就可以对这些飞行器的可靠性放宽要求，从而简化了设计，节省了价值昂贵的备份部件，大大降低了研制成本。

过去，航天器中的许多贵重设备和仪器只能使用一次，现在航天飞机既能把它们带回来进行修复，使其多次重复使用，又可以及时在轨更换飞行器上的设备（如装上新的传感器和仪器，换掉老化的或失灵的零件，补充上在运行中消耗掉的材料），从而延长飞行器的工作寿命，大大提高其利用率，避免极大的浪费。

航天飞机相当于一个短期运行的航天站

（2）航天飞机的巨大货舱能容纳一个载人实验室，里面环境舒适，航天员在这里可以不穿航天服。航天飞机在发射和再入时的加速度只有 3—4 个重力加速度，一般人都能耐受。这样一来，就降低了对其乘员的健康条件的要求，为各领域内的科学家直接参加航天活动提供了可能性，使得这些科学家可以在天上直接操纵其设备进行科学研究。这一方面可以减小设备的复杂性和降低造价，另一方面可以大大提高实验研究的质量，就在飞行过程中完成解释、评价实验结果，及时改进方法，加速知识的增长。

在这样的实验室里，可以进行材料科学方面的研究，进行广泛的天文、物理和地球资源方面的研究及生物—医学方面的研究等。

（3）它相当于一个短期运行的航天站，为航天应用科学的蓬勃发展带来了广阔的前景。在人类进入太空以来，由于载人航天飞船在发射前的安装和测试所需时间太长，致使空间营救问题一直没有得到解决。航天飞机由于其发射准备时间短的这一特点，为这一问题的解决带来了希望。航天飞机为大型航天站的建立也创造了条件。它首先可以将航天站的组件和模块分批送上轨道，并在轨道上把它们组装起来。在航天站建成之后它又可成为往返地面和航天站之间的交通运输工具。

（4）具有军事的用途。研制航天飞机的最早设想就是要使之成为一种军事进攻性武器。所以，美国军界头目们一直很支持航天飞机计划。国防部承担了研制费（100 亿美元）的 1/6。先期 4 架航天飞机中的 2 架是完全按照国防部的要求设计的。航天飞机的全部飞行计划中，有 1/3 将由军方主持。空军参谋长对发展航天飞机的军事意图供认不讳，他公开宣布，航天飞机的基本任务就是要保证五角大楼的利益。为此空军对凡登堡空军基地要重新改建，以保证未来的载人或不载人的航天器在这里秘密组装和发射。

航天飞机能完成的军事任务有：

①军事侦察。航天飞机除了可向轨道上布置侦察卫星，并在天上对之进行维修、整个地回收或从侦察卫星上取回胶卷外，必要时也可载着侦察人员飞越特定地区进行侦察。

②拦截和破坏敌方航天器。航天飞机依靠其速度快和灵活机动的飞行能力，可在天上悄悄逼近、拦截、破坏或窃取对方的飞行器后急速返回自己的基地。

③轰炸和攻击敌方地面目标。航天飞机可以在 45 分钟内飞至地面上离发射场最远的地方。因此它可以作为近地轨道轰炸机带上进攻性武器，出其不意地对敌方重要的战略目标进行攻击。

④通信联络、指挥、导弹导航。美国航天飞机试飞成功引起了苏联的极度不安。苏联宣传机构说这是美国想用"超级武器"讹诈全世界的一种新的"军国主义和沙文主义的行动"。苏联负责航天员训练任务的领导人沙塔洛夫在莫斯科举行的一次招待会上说："这将意味着武器竞争的一个新的盘旋上升。"具有讽刺意味的是，苏联一方面谴责美国研制航天飞机的军事目的，而同时自己也悄悄地加紧搞航天飞机。由此可见，"哥伦比亚"号的试飞成功使美国和苏联在宇宙空间的竞争又进入了一个新的阶段。

航天飞机除了上述种种好处外，也有它的局限性。这首先就是，它只能将载荷送上较低的轨道。要实现更高轨道的运载，特别是同步地球轨道的运送，还需借助于另外一种名曰"轨道间拖船"或"轨道间飞机"的接力运输工具才能实现。

第一架飞艇

英国的蒙克·梅森是第一个制造小飞艇的人，他利用发条装置驱动螺旋桨使飞艇升空，速度达 8 千米/小时。这种原理对后来的实用飞艇具有指导意

义。几年后，法国人亨利·吉法尔就制成了第一部可操纵的飞艇，艇形为雪茄状，长 44 米，直径 12 米，发动机功率达 3 马力，带 3 叶螺旋桨。1852 年 9 月 24 日，吉法尔自己驾驶这架飞艇在巴黎起飞，飞到 28 千米之外的特拉普，开创了人类动力半操纵飞行的先河。

美国与苏联航天飞机一览

首架航天飞机"哥伦比亚"号

"哥伦比亚"号航天飞机是美国国家航空航天局（NASA）"肯尼迪航天中心"旗下拥有的太空梭之一。"哥伦比亚"号是美国的太空梭机队中第一架正式服役的，它在 1981 年 4 月 12 日首次执行代号"STS—1"的任务，正式开启了 NASA 的太空运输系统计划之序章。

然而很不幸的是，"哥伦比亚"号在 2003 年 2 月 1 日，在执行代号"STS—107"的第 28 次任务重返大气层的阶段中与控制中心失去联系，并且在不久后被发现在得克萨斯州上空爆炸解体，机上 7 名太空人全数罹难。

首架航天飞机"哥伦比亚"号

"哥伦比亚"号的命名由来，是纪念第一艘环绕世界一周航行的美国籍船只，也是哥伦比亚河命名由来的 18 世纪帆船"哥伦比亚"号。

这架航天飞机总长约 56 米，翼展约 24 米，起飞重量约 2040 吨，起飞总推力达 2800 吨，最大有效载荷 29.5 吨。它的核心部分轨道器长 37.2 米，大体上与一架 DC—9 客机的大小相仿。每次飞行最多可载 8 名宇航员，飞行时间 7—30 天，轨道器可重复使用 100 次。航天飞机集火箭、卫星和飞机的技术特点于一身，能像火箭那样垂直发射进入空间轨道，又能像卫星那样在太空轨道飞行，还能像飞机那样再入大气层滑翔着陆，是一种新型的多功能航天飞行器。

"挑战者"号

美国的航天飞机都是以早期的研究船名命名，因此"挑战者"号名字的由来也不例外，取自于1870年代航行于大西洋与太平洋上的英国海军研究船"挑战者"号。除此之外，"挑战者"这个名字也曾经被拿来命名"阿波罗17"号的登月模组。

"挑战者"号是美国继"哥伦比亚"号航天飞机之后投入使用的第二架航天飞机。1983年4月4日首次飞行，后来又进行了多次业务飞行。

"挑战者"号开发初期原本是被作为高拟真结构测试体（high – fidelity Structural Test Article，因此初期机身代号为STA—099），但在"挑战者"号完成初期测试任

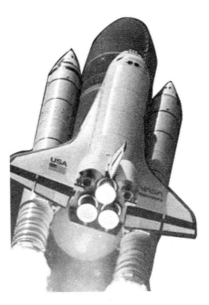

"挑战者"号

务后，被改装成正式的轨道载具（Orbiter Vehicle，因此代号改为OV—099），并于1983年4月4日正式执行首航任务。

然而很不幸的是，"挑战者"号在1986年1月28日执行代号STS—51—L的第10次太空任务时，因为右侧固态火箭推进器上面的一个O形环失效，导致一连串的连锁反应，并且在升空后73秒时，爆炸解体坠毁。机上的7名宇航员全在该次意外中丧生。

"发现"号

"发现"号航天飞机是美国国家航空航天局"肯尼迪航天中心"旗下第三架实际执行太空飞行任务的航天飞机，首次飞行是在1984年8月30日，迄今为止仍在服役中，负责进行各种科学研究与作为国际太空站计划的支援。

如同其他大部分的美国航天飞机一般，"发现"号的命名，源自于一艘18世纪时的英国探险船，伴随著名的詹姆斯·库克（James Cook）船长远征

"发现"号

南太平洋的"发现"号。在库克船长的探险中，完成了包括发现夏威夷群岛、新西兰乃至于确认澳洲大陆存在等的功绩，而同行中的另外一艘探险船"奋进"号也成为 NASA 另一架航天飞机"奋进"号的命名由来。除此之外，库克船长也曾搭乘"发现"号探索南阿拉斯加与西北加拿大之间的海岸线，虽然当时正值美国独立战争期间，英国与美国是交战国，但由于"发现"号从事的是非常重要的科学任务，本杰明·富兰克林甚至特别下达美军不准对该船发动攻击的指令。

"发现"号航天飞机于 2009 年 10 月 23 日在"肯尼迪航天中心"发射升空，飞往国际空间站，进行为期 2 周的航天使命。"发现"号上的 7 名宇航员将在国际空间站上安装一个新的太空舱，以扩展国际空间站的规模。10 月 28 日，宇航员斯科特·帕拉金斯基和丹尼尔·塔尼进行了第二次太空行走，为"和谐"节点舱安装外部组件、卸下一个厚重支架并检查国际空间站可能存在问题的设备。

"发现号"此行的主要任务是运送和安装"和谐"节点舱，以便日后欧洲及日本的"哥伦布"和"希望"号实验舱能够与国际空间站进行对接，为空间站实验舱的发射做好前期准备。这是自 2001 年以来安装的首个新舱，对于国际空间站的扩大而言具有重要意义。

最新的航天飞机——"奋进"号

"奋进"号航天飞机是美国国家航空航天局"肯尼迪航天中心"旗下第五架实际执行太空飞行任务的也是最新的一架航天飞机。

"奋进"号是由美国宇航局于 1991 年建造，用来替代 1986 年在爆炸中被毁坏的"挑战者"号，高 36.6 米，宽 23.4 米，重 71 吨，造价超过 20 亿美元。

"奋进"号的首次飞行是在 1992 年 5 月 7 日（STS—49 号任务），负责执行的任务中有不小比例是作为国际太空站计划的支援。

正式编号绕地机载具 105 号的"奋进"号是美国一系列航天飞机之中首架以公开征名竞赛的方式由美国的中小学生决定命名的航天飞机，并由乔

最新的航天飞机——"奋进"号

治·赫伯特·沃克·布什总统在 1989 年时正式宣布其命名。如同美国历架航天飞机的命名原则，"奋进"号的名字也是源自一艘早年的研究调查船。著名英国探险家詹姆斯·库克船长在 1768 年第一次远征时所搭乘的一艘 368 吨等级的三桅帆船"奋进"号，当时是它造成下水后首次出航，由于是一艘英国籍的船只，这也解释了为何"奋进"号的名字是用英式英文的"Endeavour"而非美式英文"Endeavor"拼法。

从某个角度来说，"奋进"号是一艘"拼装航天飞机"，它是以"发现"号和"亚特兰蒂斯"号的建造合约中一批同时生产的备用结构零件为基础，额外组装出来以便取代"挑战者"号意外坠毁后留下的任务空缺。不过，这样的拼装法并不代表"奋进"号的表现就会逊色一截，事实上因为是最后才开始建造，"奋进"号在建造过程中汲取了许多前辈们的教训，拥有更多新开发的硬件装备。而大部分新一代的航天飞机仪器设备都是在"奋进"号上率先采用之后，才在稍后趁着停飞维修的期间，改装追加到其他几架航天飞机上。

"奋进"号曾在 1996 年于加州棕榈谷进行过 8 个月长的绕地机维修停飞期，在这段期间航天飞机上改装了要能与国际太空站进行接驳用的外部空气锁，以便在太空站于 1997 年开始建造后，与太空站联结负责其所需的补给运输任务。

美国东部时间 2009 年 7 月 15 日 18 时 3 分（北京时间 16 日 6 时 3 分），此前已 5 次推迟发射的美国"奋进"号航天飞机从佛罗里达州"肯尼迪航天

中心"成功升空，飞赴国际空间站。

美国国家航空航天局的电视直播画面显示，"奋进"号升空 2 分 5 秒之后，2 个固体火箭助推器与航天飞机的外部燃料箱顺利分离，飞行 8 分半钟之后，火箭发动机按规程开始关闭。固体火箭助推器在分离后向大西洋方向坠落，美航天局将利用回收船将它们回收。

"奋进"号宇航员在为期 16 天的任务期内进行 5 次太空行走，完成实验平台的安装工作，并给空间站外的太阳能电池板更换电池。此外，美国宇航员蒂姆·科普拉还将接替日本宇航员若田光一加入国际空间站长期考察组，后者将随"奋进"号返回地球。

苏联的"暴风雪"号

"暴风雪"号航天飞机计划是苏联时代为了与美国进行太空军备竞赛所发展的航天飞机计划，在苏联瓦解后不久此计划也宣告正式终结，残存的设备归属给"苏联时代太空中心"所在地的哈萨克斯坦共和国拥有。"暴风雪"

苏联的"暴风雪"号

计划中共有 5 架航天飞机实际上已开始建造，但是只有第一架的"暴风雪"号真正被完成并且顺利发射升空与回收，而包括二号机"小鸟"号在内的其他几架航天飞机全都是以未完成的姿态停止建造。

1988 年 11 月 15 日，苏联的"暴风雪"号航天飞机从拜科努尔航天中心首次发射升空，47 分钟后进入距地面 250 千米的圆形轨道。它绕地球飞行 2 圈，在太空遨游 3 小时后，按预定计划于 9 时 25 分安全返航，准确降落在离发射点 12 千米外的混凝土跑道上，完成了一次无人驾驶的试验飞行。

"暴风雪"号航天飞机大小与普通大型客机相差无几，外形同美国航天飞机相仿，机翼呈三角形。机长 36 米、高 16 米，翼展 24 米，机身直径 5.6 米，起飞重量 105 吨，返回后着陆重量为 82 吨。它有一个长 18.3 米、直径 4.7 米的大型货舱，能把 30 吨货物送上近地轨道，将 20 吨货物运回地面。头部有一容积 70 立方米的乘员座舱，可乘 10 人，设计飞行寿命 100 次。

科学家们认为，这次完全靠地面控制中心遥控机上电脑系统，在无人驾驶的条件下自动返航并准确降落在狭长跑道上，其难度要比 1981 年美国航天飞机有人驾驶试飞大得多。首先，"暴风雪"号的主发动机不是装在航天飞机尾部，而是装在"能源"号火箭上，这样就大大减轻了航天飞机的入轨重量，同时腾出位置安装小型机动飞行发动机和减速制动伞。其次，"暴风雪"号着陆时，可用尾部的小型发动机做有动力的机动飞行，安全准确地降落在狭长跑道上，万一着陆姿态不佳，还可以将航天飞机升起来进行第二次着陆，从而提高了可靠性。而美国航天飞机靠无动力滑翔着陆只能一次成功。第三，"暴风雪"号能像普通飞机那样借助副翼、操纵舵和空气制动器来控制在大气层内滑行，还准备有减速制动伞，在降落滑跑过程中当速度减慢到 50 千米/小时时自动弹出，使航天飞机在较短距离内停下来。

"暴风雪"号首航成功，标志着苏联航天活动跨入一个新的阶段，为建立更加完善的天地往返运输系统铺平了道路。原计划一年后进行载人飞行，但由于机上系统的安全可靠性尚未得到充分保证，加之其后政治和经济等方面的原因，载人飞行的时间便推迟了。

航天飞机与宇宙飞船的区别

航天飞机与宇宙飞船，二者最主要的区别是用途不同：航天飞机是运载火箭的升级产品，用途是将地面物体送至地球轨道，也就是说，航天飞机往返于地面与地球轨道之间；而宇宙飞船则是在外太空之间飞行使用的，比如从地球飞往比邻星……由于用途的不同，它们的结构、工作方式、外形也有很大不同。航天飞机最需要的是脱离地球引力，因此它有自己的动力系统和巨大的外挂燃料箱，为了减少空气阻力并在降落时充分利用空气动力，航天飞机有着非常漂亮的气动外形。宇宙飞船也有动力系统，但现阶段的动力源

主要是太阳能电池，因此不需要外接动力源，而且宇宙飞船是在外太空飞行，外形没特殊要求，因此看起来比较丑。大家在科幻小说尤其卡通片中看到的那种通用的宇宙飞船，估计在短期内难以被制造。

美国航天飞机大事记

自从1981年美国首架航天飞机发射以来，航天飞机发射已成为美国载人航天事业的一道独特"风景线"。下面是曾引起新闻轰动的历史瞬间：

1981年4月12日，第一架实用航天飞机"哥伦比亚"号首次升空，2天的飞行主要验证其安全发射和降落的能力，这开创了人类航天的一个新时代。

1983年8月30日，"挑战者"号航天飞机首次实现黑夜发射，6天后又在黑夜降落，宇航员队伍中的布拉福德是第一位"登天"的黑人。

1984年2月3日，"挑战者"号再次发射，在7天的飞行任务中宇航员首次进行了不系带的太空行走，此后宇航员"太空漫步"成为航天飞机任务中经常出现的画面。

1984年10月5日，又是"挑战者"号首次搭载了7名宇航员升空，其中女宇航员凯瑟琳·苏利文成为第一位太空行走的女性，从此航天飞机经常运送7名宇航员。

1986年1月28日，"挑战者"号在升空73秒后爆炸，7名宇航员全部罹难，此后美航空航天局暂停了航天飞机发射任务。

1988年9月28日，"发现"号在航天飞机任务中止32个月后升空，5名宇航员释放了一颗卫星，并完成了几项科学实验，这标志着航天飞机项目再次走上正轨。

1990年4月24日，"发现"号航天飞机将"哈勃"太空望远镜送上轨道，人类有了观察遥远宇宙的"火眼金睛"。

1992年9月12日，"奋进"号升空，这架航天飞机成为宇航员马克·李和简·戴维斯的"婚礼特快"，这2位宇航员是第一对在太空缔结良缘的夫妇。

1995年6月27日，"亚特兰蒂斯"号发射，它实现了航天飞机和俄罗斯的"和平"号轨道空间站首次对接，美国和俄罗斯宇航员在外太空互相"串门"，新闻评论说"冷战"已在地球之外结束。

1996 年 11 月 19 日，"哥伦比亚"号发射，共飞 423 小时 53 分钟，创造了航天飞机停留外太空时间最长的纪录。

1998 年 10 月 29 日，"发现"号搭载着 77 岁的参议员约翰·格伦起飞。格伦是曾搭乘"水星"飞船升空的美国首名宇航员，这次他又成为最高龄的"太空人"。

1999 年 7 月 23 日，"哥伦比亚"号发射，这次指挥它的是艾琳·柯林斯，标志着女性首次成为航天飞机的机长。

2003 年 2 月 1 日，"哥伦比亚"号在返回地面过程中于空中解体，7 名宇航员全部罹难。

2005 年 8 月 9 日，美国"发现"号航天飞机在美国加利福尼亚州的爱德华兹空军基地安全降落，结束了长达 14 天的太空之旅。这是自"哥伦比亚"号航天飞机失事后，美国航天飞机首次顺利地重返太空，并且平安回家。

2006 年 17 日，"发现"号航天飞机在佛罗里达州肯尼迪航天中心成功着陆。此次"发现"号顺利完成国际空间站维修和建设任务，并为国际空间站送去 1 名宇航员。

2009 年，美国东部时间 5 月 11 日下午 2 时左右，美国"阿特兰蒂斯"号航天飞机从佛罗里达州肯尼迪航天中心发射升空，机上 7 名宇航员将对哈勃太空望远镜进行最后一次维护。美国西部时间 24 日 8 时 39 分，"亚特兰蒂斯"号航天飞机载着 7 名宇航员安全降落在加利福尼亚州爱德华兹空军基地，圆满完成了对哈勃太空望远镜最后一次维护的飞行任务。

2009 年 7 月 15 日（北京时间 16 日 6 时 3 分），美国"奋进"号航天飞机从佛罗里达州肯尼迪航天中心成功升空，启程前往国际空间站日本舱安装最后一个组件。

2009 年 8 月，美国东部时间 28 日 23 时 59 分（北京时间 29 日 11 时 59 分），美国"发现"号航天飞机搭载 7 名宇航员，从肯尼迪航天中心发射升空前往国际空间站，运送数吨的补给和设备。此前，"发现"号的发射已 3 次被延迟。25 日因为天气状况推迟，随后于 26 和 28 日两度推迟，主要原因是装有液体氢的燃料箱阀门出现问题。

2009 年 9 月，美国东部时间 11 日晚间 7 时 47 分（北京时间 12 日上午 7 时 47 分），"发现"号开始点火进行变轨，于当天晚间 8 时 53 分（北京时间

12 日上午 8 时 53 分）在爱德华兹空军基地安全着陆。

未来航天飞机大猜想

  未来的航天飞机将是什么样子，人们已设想出了它的大致蓝图。

  这种飞机不再需要火箭助推了，它可以从世界上任何一个较大的机场起飞，然后加速至音速的许多倍，在大气层外飞行，然后穿过大气层降落。因为用火箭助推器的航天飞机，使用起来很不方便，世界上只有很少的地方有大型火箭发射场，更谈不上将这种飞机用于民航载客运货了。

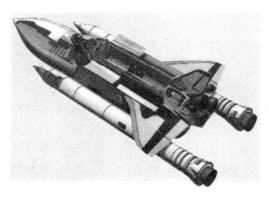

幻想未来的航天飞机

  除了"三角快帆"的垂直发射和母船式发射器的构想外，美国科学家还提出三种可供重复使用的发射器方案：一是带翼单级入轨火箭。从发射坪上垂直起飞，然后滑回跑道着陆。这种选择方案带来短而大的机翼和起落架的额外负荷，而不是德尔塔"三角快帆"火箭所需要的以减速使尾部先着陆的额外燃料。二是吸气式单级入轨火箭。它在以跑道为基础的入轨飞行后，使用一个小火箭。这种 X—30 国家空天飞机方案寻求开发一种飞行器，它使用的冲压式喷气发动机和超音速冲压式喷气发动机燃烧氢和空气的混合气体，从而无需携带大量液氧。三是垂直发射，跑道着陆，无翼宇宙飞行和高空飞行两用机。致力于这种飞行器研究的洛克希德公司称它为航空弹道火箭。它的尾部可容纳几个矩形火箭推进器。这些方式可大大减少航天器的发射成本。

  美国人为了保持领先地位，首先开始了新的计划。这个计划有一个很怪的名字"铜谷"，这种新式飞机不再叫航天飞机了，而叫国家空天飞机。它以氢作燃料，由人驾驶从地球的机场上起飞，加速到大大超过音速的速度，在大气层外绕地球飞行；如果用它来做客机，便给它一个更妙的名字"东方快车"。乘坐这种飞机旅行，从美国的首都华盛顿到中国的首都北京只需 2 个小时。坐着它，一天可以绕地球好几圈。

这种飞机以氢作燃料，让它与空气混合燃烧，以推动飞机前进。到目前为止，氢是世界上能够找到的最好的燃料。它燃烧后产生水蒸气，不破坏地球的环境。缺点是体积太大，用它作燃料，要占用飞机上的许多空间。不过科学家想出了一种办法，不但使气体状态的氢冷冻到了液态，而且将液态冷冻成了固态，空天飞机就可用一半的液态氢与一半的固态氢混合在一起做燃料了，他们给这种燃料取了一个名字叫氢浆。

目前，美国人正在进行空天飞机的研制，初步计划，1993 年作第一次试验飞行，如果能成功的话，人们环绕地球的旅行便会变得十分方便。

在美国大力发展空天飞机的同时，西方先进的工业国家也开始发展自己的空天飞机计划。

欧洲空间局计划制造一种叫"赫尔墨斯"的空天飞机。这种飞机只有 15 米长，能把 3 名乘员和约 2 吨重的东西送入太空，绕地球飞行，准备 1998 年开始正式载人飞行。

德国的空天飞机很有特点，用"桑格尔"命名，以纪念杰出的航天先驱桑格尔。它分成两级，货机载于有人驾驶的母机上，由母机背上起飞送上太空，货机无人驾驶，可以将 1.4 吨重的东西送入太空。

英国人的计划与美国人的类似，他们准备制造一架"霍托尔"空天飞机，能水平起飞和降落，使用液氢和液氧作燃料，能够将 11 吨的货物运上太空。

日本的航天技术起步较晚，他们的方案也要落后一些，仍用火箭发射航天飞机上天，不过是将航天飞机装在火箭的头部发射的。

水平起降的空天飞机对人类有极大的吸引力，同时它的技术难度也非常大。比如，它的发动机与目前世界上任何发动机都不同，制造难度最大，因为当飞机以音速的十几倍速度飞行时，常常会使发动机熄火。由于空天飞机的速度达到了十几倍音速，地面上的一些实验设备无法胜任实验任务。目前美国人主要是利用世界上最快的计算机进行设计和计算，这种计算机可以每秒做数学计算 10 亿次，尽管如此，仍嫌计算机速度不够快。

飞向宇宙的先行者

FEIXIANG YUZHOU DE XIANXINGZHE

飞向宇宙的先行者，是那些技术精湛、心理素质极好的宇航员。宇航员是指以太空飞行为职业或进行过太空飞行的人。确定太空飞行的标准则没有完全统一。在美国，以旅行高度超过海拔80千米的人被称为宇航员。国际航空联合会（FAI）定义的宇宙飞行则需超过100千米。

世界上第一名宇航员是苏联的加加林，他在1961年4月12日乘坐"东方1"号飞船进入太空。第一位女性宇航员是捷列什科娃，她在1963年6月16日乘坐"东方6"号飞船进入太空。在1961年5月15日上太空的艾伦·谢波德则成为美国首位宇航员。2003年10月15日，杨利伟乘坐"神舟5"号飞船成为中国首名宇航员。

要成为宇航员，必须有强健的体魄，接受过良好的教育，并具备分析和解决问题的能力。而要成为一个合格的宇航员，必须接受严格的训练，首先是使宇航员候选人掌握并完成载人航天所必需的科学知识和技巧，以及接受医药、工程学等领域的知识；其次是要进一步提高其体能和改善其心理品质。其训练的艰苦程度是令人难以想象的。

第一个进入太空的人——加加林

尤里·阿列克谢耶维奇·加加林（1934 年 3 月 9 日—1968 年 3 月 27 日），苏联宇航员，苏联红军上校飞行员，是人类宇航史上第一个进入太空的人。

加加林 1934 年 3 月 9 日生于苏联的斯摩棱斯克州格扎茨克区的克卢希诺镇一个集体农庄庄员家庭，父母乃至祖父母都是农民。加加林的童年是在斯摩棱斯克区的克鲁什纳村度过的，后来他们举家迁到了格扎茨克小城。

1949 年，当加加林 15 岁的时候，他停止了中学的学业，进入工厂工作，以便尽早地从经济上帮助他的父母。翻沙车间的工作是繁重的，它不仅需要知识和经验，而且需要体力。这对于年仅 15 岁的人来说绝不是一件轻松的事，然而年轻的加加林依然每天坚持去工人夜校学习。

1951 年，他以优异成绩毕业于柳别尔齐职业中学，成为受训冶金工人，并继续在萨拉托夫工业技术学校学习。加加林的飞行员生涯就是从萨拉托夫开始的，而后他加入了萨拉托夫航空俱乐部，利用业余时间学习飞行。

1955 年加加林以优异成绩从工业技术学校毕业后进了航空学校，并开始在奥伦堡航空军事学校学习飞行。

1957 年加加林参加苏联军队，并成为北海舰队航空军团的一名歼击机飞行员，同年与瓦莲京娜结婚。这是光彩的一年。

在随后的 1959 年 10 月，苏联首位宇航员的选拔工作在全国展开。加加林从 3400 多名 35 岁以下的空军飞行员中脱颖而出，成为 20 名入选者中的一员，并于 1960 年 3 月被送往莫斯科，开始在苏联宇航员训练中心接受

人类宇航史上第一个
进入太空的人——加加林

培训。在训练中，加加林凭借其坚定的信念、优秀的体质、乐观主义精神和过人的机智成为苏联第一名宇航员。

1961 年 4 月 12 日莫斯科时间上午 9 时零 7 分，加加林乘坐"东方 1"号宇宙飞船从拜科努尔发射场起航，在最大高度为 301 千米的轨道上绕地球一周，历时 1 小时 48 分钟，于上午 10 时 55 分安全返回，降落在萨拉托夫州斯梅洛夫卡村地区，完成了世界上首次载人宇宙飞行，实现了人类进入太空的愿望。

加加林完成了史无前例的宇宙飞行后，全世界都对他挥手致敬。莫斯科以极其隆重的仪式欢迎凯旋的航天英雄：礼炮在轰鸣，欢腾的人群在喊叫，豪华的护送队，为加加林加冕大大小小的国家勋章。在这次历史性的飞行之后，加加林荣获"列宁勋章"并被授予"苏联英雄"和"苏联宇航员"称号，并曾多次出国，访问过 27 个国家，22 个城市授予他荣誉市民称号。1962 年，加加林当选为第六届苏联最高苏维埃代表。1964 年 11 月任苏联—古巴友好协会理事会主席。

在首次太空飞行之后，加加林又进入茹科夫斯基军事航空工程学院学习，并出色地答辩了毕业设计，学院推荐他到高等军事学院研究生院当函授生。

忙于工作的加加林

加加林也积极参加训练其他宇航员的工作。1961 年 5 月成为宇航员队长，1963 年 12 月荣升为宇航员训练中心副主任。在训练其他宇航员的同时，他自己并没有放弃训练，梦想着能够再次进入太空。1967 年 4 月，他完成了"联盟"号飞船首次飞行的培训准备工作，成为宇航员科马罗夫的替补。

正当加加林对未来充满信心的时候，灾难发生了。1968 年 3 月 27 日，他和飞行教练员谢廖金在一次例行训练飞行中，因一架双座喷气式飞机坠毁而罹难。灾难发生的这一天，加加林按计划要驾驶"米格—15"歼击教练机飞行 2 次，每次半小时。10 点 19

分，飞机升空。10点30分，加加林把空域作业的情况报告给飞行指挥，请求准许取航向320返航。此后，无线电通信突然中断，1分钟后，飞机一头栽到地上。

事故发生后，政府成立了事故调查委员会。经过认真分析研究后认为："1968年3月27日飞机飞行准备工作完全是按照现有技术操作规程的要求进行的。"调查委员会查明了飞机与地面相撞时的状态。当时，飞机在两层云带空域里飞行，看不见地平线。返航时，本应从70°航向向320°航向下降转弯，后来一定发生了某种突发事件，使飞机处于临界状态。飞机飞出低层云，航迹倾斜角达到70°—90°，飞机几乎是垂直俯冲下来，加加林和另外一位飞行员密切配合，想尽最大努力使飞机退出俯冲状态，但当时飞行高度只有250—300米，时间也只剩2秒钟了，他们没有成功，年仅34岁的加加林就这样离开了人世，以至于人们都不相信他真的牺牲了。

加加林死后，其骨灰被安葬在克里姆林宫墙壁龛里，他的故乡格扎茨克被命名为加加林城，他训练所在的宇航员训练中心也以他的名字命名。为纪念加加林首次进入太空的壮举，俄罗斯把每年的4月12日定为宇航节，在这一天举行隆重的纪念活动，缅怀这位英雄人物。国际航空联合会设立了加加林金质奖章。月球背面的一座环形山也是以他的名字命名的。加加林成为宇宙时代的象征。

"东方"号飞船

"东方"号飞船由球形密封座舱和圆柱形仪器舱组成，重约4.73吨。在轨道上飞行时与圆柱形的末级运载火箭连在一起，总长7.35米。座舱直径2.3米，能乘坐1名航天员，舱壁上有3个舷窗。舱外表面覆盖一层防热材料。座舱内有可供飞行10昼夜的生命保障系统、弹射座椅和无线电、光学、导航等仪器设备。"东方"号飞船在返回前抛掉末级运载火箭和仪器舱，座舱单独再入大气层。当座舱下降到离地面约7千米高度时，航天员弹出飞船座舱，然后用降落伞单独着陆。

"东方"号飞船既可自动控制，也可由航天员手控。飞船飞行轨道的近地点约为 180 千米，远地点为 222～327 千米，倾角约 65°，周期约 89 分钟。1961 年 4 月 12 日，航天员加加林乘坐"东方 1"号飞船，绕地球飞行 108 分钟后，安全返回地面，开始了世界载人航天的新时代。

人类第一位女宇航员——捷列什科娃

1963 年 6 月 16 日，苏联女航天员瓦莲京娜·捷列什科娃驾驶着"东方 6"号飞船升空，在 70 多个小时的时间里，绕地球飞行 48 圈，成为人类历史上第一位进入太空的女性。

捷列什科娃，1937 年 3 月 6 日出生在一个工人家庭。1954 年，17 岁的她到轮胎厂当了工人，开始挣钱养家。工作之余，生性活泼好动的捷列什科娃最喜欢跑到航空俱乐部练跳伞，这为她日后被挑选成为航天员打下了坚实基础。苏联成功地完成"东方 6"号任务之后，捷列什科娃继续深造，1969 年从军事工程学院毕业，1976 年成为技术副博士。捷列什科娃是俄罗斯迄今为止唯一的女将军，被誉为"民族英雄"、"世纪女性"，月球背面的一座环形山以她的名字命名。

太空漫步第一人——列昂诺夫

列昂诺夫，苏联航天员，人类太空漫步第一人。

列昂诺夫 1934 年 5 月 30 日出生于克麦罗沃州，1953 年参加苏军，毕业于丘古耶夫军事航空学校（1957 年）和茹科夫斯基军事航空工程学院（1968 年）。曾在苏军航空兵部队当飞行员，1960 年进入航天队。

1965 年 3 月 18 日，作为副驾驶和别利亚耶夫共同完成了"上升 2"号飞船的航天。飞行期间，他完成了世界上第一次离开飞船进入太空的动作，在太空中度过了大约 24 分钟，其中自由"漂浮"12 分钟，有几次离开飞船的距离达 5 米。飞行期间，为研究无支撑空间运动中的生物力学做了初步实验，试验了自主式生命保障系统、气密过渡舱和操纵系统，还探索了在飞船外面进行安装和拆卸工作的可能性。因完成这次飞行，被授予"苏联英雄"称号。

1975 年 7 月 15 日—20 日，列昂诺夫作为船长参加了苏联"联盟 19"号

飞船和美国"阿波罗"号飞船的联合
航天。这是航天史上第一次按照"联
盟—阿波罗"计划进行的重大的联合
科学实验。它是根据 1970 年 5 月 24
日苏维埃社会主义共和国联盟和美利
坚合众国之间签订的为和平目的研究
和利用宇宙空间的合作协定进行的。

在 6 昼夜飞行过程中，列昂诺夫
首次检验了靠拢和对接协调吻合设备，
实现了苏美航天飞船的对接和 2 艘飞
船乘员的相互换乘，进行了联合科学
研究实验。由于胜利地完成了这次飞
行，表现英勇，列昂诺夫再次荣获
"金星"奖章。

人类太空行走第一人——列昂诺夫

为表彰列昂诺夫在开发宇宙空间方面建立的功勋，苏联科学院授予他齐
奥尔科夫斯基金质奖章 1 枚，国际航空联合会授予他"宇宙"金质奖章 2 枚。
此外，还荣获保加利亚人民共和国社会主义"劳动英雄"和越南社会主义共
和国"劳动英雄"称号，获"列宁勋章"2 枚、"红星勋章"和三级"在苏
联武装力量中为祖国服务勋章"各 1 枚，奖章及外国勋章多枚。月球背面一
环形山以其名字命名。

 **知识点**

"上升"号飞船

"上升"号飞船是在"东方"号飞船的基础上改进而成的。取消了体积
较大的弹射座椅，增加了航天员的座位，最多可乘坐 3 名航天员。由于生命
保障系统的限制，轨道飞行时间较短。1964—1965 年发射了两艘"上升"号
载人飞船。飞船上装有返回着陆系统，备用制动火箭、辅助定向系统、电视
和无线电通信设备等，运行在周期为 90 分钟、倾角为 63°的低轨道上。1964
年 10 月发射的"上升 1"号飞船首次载科学家绕地球飞行，进行了天体物理

学、航天医学、生物学的研究和技术试验。1965 年 3 月发射的"上升 2"号飞船上增设了气闸舱、操纵气闸工作程序和航天员走出舱外进入太空的控制系统，飞船上备有自主式生命保障系统的特制航天服。航天员列昂诺夫借助这些设备第一次走出飞船，进行了舱外活动。

美国第一位太空人——艾伦·谢泼德

艾伦·谢泼德是第一位遨游太空的美国人。1961 年 5 月 15 日，他乘坐时速 8000 多千米的"自由 7"号小型宇宙飞船代表美国首次遨游太空，为美国赢得了一次重大的胜利，也因此成为民族英雄。当时，美国和苏联为争夺世界影响力进行着激烈的竞争，竞争使太空也变得灰暗。

1957 年，苏联发射了第一颗电子卫星，即"斯普特尼克 1"号。不到 4 个月的时间，美国成功地发射了第一艘宇宙飞船。然后，双方开始争夺谁能首先发射载人太空航天器。

1961 年 4 月 12 日，苏联宇航员尤里·加加林在太空飞行了 108 分钟，绕地球飞行了一周，苏联再次赢得了"太空竞争"。3 周以后，美国也将 37 岁的海军军官艾伦·谢泼德送上了太空。

艾伦·谢泼德 1923 年 11 月 18 日出生于美国小城新汉普塞尔东德维，1944 年毕业于美国海军学院。毕业后，很快就结了婚。在第二次世界大战期间，他在太平洋的一艘驱逐舰上服过短时间的兵役。1947 年，艾伦·谢泼德成了一名海军飞行员，后来做了试飞员。试飞员的工作是很危险的，但这有助于艾伦·谢泼德未来从事更大的冒险工作。

第一位遨游太空的美国人——艾伦·谢泼德

苏联发射人造卫星的成功促使美国加快了太空计划。美国人决定尽快发射人造卫星，但第一次发射失败了，因为火箭在发射时爆炸。但是，支持太空计划的人越来越多，在国会上、在科学家中，都支持美国成立一个太空机构。很快，国会投票通过成立美国国家航空航天局。美国国家航空航天局的工作是拟定科学的太空探索计划，它的首要目标是将第一位美国人送上太空。

3个月后，一项命名为"墨丘利"的计划诞生了，墨丘利神是希腊神话众神的信使。工程师们着手建造宇宙飞船，美国国家航空航天局则负责物色宇航员。

美国国家航空航天局想要军机试飞员，因为军机试飞员经常试飞新飞机，适应在危险的环境中飞行。1959年4月7日，美国国家航空航天局选定了7名宇航员。他们将成为第一批美国宇航员，艾伦·谢泼德是其中之一。

在"墨丘利"计划启动后9个月，美国国家航空航天局制定了从佛罗里达州卡纳维拉尔角的试验飞行计划。后来的两年，又做了多次试验飞行，但都没有乘坐宇航员。

最后一次试飞是在1961年1月底，乘客是一只名叫Ham的黑猩猩，飞船飞了700千米，飞越了大西洋。此次试飞发现了几个问题，但Ham生还了，并在大西洋上着陆。后来，人们经常问艾伦·谢泼德是如何成为美国第一位太空人的。他开玩笑地回答说："把黑猩猩揿出去，我坐上去，就成了太空人了。"

在发射前几天，才宣布选定艾伦·谢泼德为第一个遨游太空的美国人。由于天气恶劣，原定在5月2日或5月4日的飞行被迫取消。1961年5月15日星期五，艾伦·谢泼德再次钻进了名为"自由7"号的太空舱，但他几乎没有可以活动的空间，谢泼德在里面等了4个小时。天气是延时的部分原因，云层也会影响发射，最后还得检查一下无线电通话。

谢泼德等累了。于是，他告诉地勤人员赶快解决问题，发射火箭。地勤人员终于将问题解决了。

火箭徐徐地升空。数以百万计的广播听众听见了来自卡纳维拉尔角的声音："我是艾伦·谢泼德。我将勇往直前，决不后退！祝各位好运！"

而后，火箭发射，继而火箭越升越高。5分钟后，艾伦·谢泼德感到了太空的失重，他觉得自己飘了起来。"自由7"号飞了185千米高，又重返大气层。飞船降低了速度，在大西洋上着陆，着陆点离发射点约500千米，15分

钟的飞行就这样结束了。

3 个星期后，肯尼迪总统宣布了美国的一项新计划，即到 20 世纪 60 年代末要将人送上月球，并安全地返回地球。

1974 年，艾伦·谢泼德从美国国家航空航天局和海军退役，成了得克萨斯州休斯敦一家建筑公司的董事长。后来，他自己开了家公司，取名为"7 + 14 公司"，这源于他飞过"自由 7"号和"阿波罗 14"号。

艾伦·谢泼德还和另一名宇航员合写了一本书《揽月》，讲述了他们的登月之旅。

艾伦·谢泼德，第一个遨游太空的美国人，在与白血病苦斗了两年后，于 1998 年 7 月 21 日去世，享年 74 岁。

第一个光临月球的人——阿姆斯特朗

尼尔·阿姆斯特朗（1930 年 8 月 5 日—），美国国家航空航天局的宇航员、试飞员、海军飞行员，以在执行第一艘载人登月宇宙飞船"阿波罗 11"号任务时成为第一名踏上月球的人而闻名。

阿姆斯特朗 1930 年 8 月 5 日生于美国俄亥俄州瓦帕科内达市，他从小学习认真，理想是长大当飞行员。他 14 岁即开始接受飞行训练，16 岁获得飞行员证书。

1947 年，年仅 17 岁的阿姆斯特朗进入印第安纳州拉斐特的普度大学，学习航空工程并成为海军后备飞行军官。1950 年，他在韩国进行了 78 次战斗任务飞行，被击落一次，三次获得空军勋章。

1955 年，他加入太空总署，成为一名非军职的高速试飞行员。他是驾驶 X—15 尖端研究飞机飞行的 12 人之一，

人类第一位登月宇航员——阿姆斯特朗

这种飞机能以超音速飞行并达到很高的高度。12 名飞行员当中有 8 位，包括阿姆斯特朗，飞过了 80 千米的高度，一度被认为是未来宇航员所必备的业绩。

1962 年 9 月 17 日，他获选为第二批的 9 名受训的宇航员之一，他也是第一位非军职的宇航员。3 年后，阿姆斯特朗成为"双子星座 5"号任务的预备正驾驶。

1966 年 3 月 16 日，阿姆斯特朗作为"双子星座 8"号的正驾驶，进行了首次太空飞行。这次飞行历时 10 小时 41 分 26 秒，包括首次与另一架宇宙飞船在轨道自动导航的"阿金那"目标火箭对接。他成功地使"阿金那"火箭与他的宇宙飞船分离并坠入太平洋，这是美国宇宙飞船首次紧急着陆。在这一年的后期，他成为"双子星座 11"号的预备正驾驶。

1969 年 7 月 16 日阿姆斯特朗成为"阿波罗 11"号指挥官。他与年轻的宇航员迈克尔·柯林斯（1930—）和巴兹·艾德林（1930—）一起进行登月飞行。到达月球后，柯林斯停留在轨道上，阿姆斯特朗乘"小鹰"号月球着陆器登上月球表面，避开月球冰砾，在宁静海平稳着陆。阿姆斯特朗和艾德林在月球表面进行了 2 小时 30 分钟的活动，进行科学实验，采集岩石和土壤样品，留下进行实验的科学设备与纪念其着陆的徽章。他们于 7 月 21 日离开月球，7 月 24 日返回地球。

1970 年，他被南加利福尼亚大学授予航空工程硕士学位，出版《首次登上月球》一书。7 月出任太空总署航空学协会副会长。1971 年，在俄亥俄州的辛辛那提大学工作，任航空工程学教授。1979 年，离开辛辛那提大学。1985 年，在国家太空委员会工作。

月球制氧

科学家很早就开始了月球表土提取氧的方法研究。他们利用"阿波罗"飞船取回的月球沙土进行实验，在 1000℃ 的高温下，将月沙中的钛铁矿和氢接触生成水，再将水通过电解提取氧。研究表明，提取 1 吨氧，约需 70 吨的月球表土。考虑到在月球上生产的特殊情况，建议在月球基地建设的同时，

应考虑配备一套小型的化学处理设备，利用太阳能作动力，每天大约可制备出 100 千克的液氧。

具体流程是，利用月球岩石在高温下与甲烷发生反应，生成一氧化碳和氢。在温度较低的第二个反应器中，一氧化碳再与更多的氢发生反应，还原成甲烷和水；然后使水冷凝，再电解成氧和氢，而后把氧储存起来供使用，而氢则送入系统中再循环使用。

据预测，月球制氧设备最初是为给月面上的航天员提供氧气之用，但他们需要的氧气并不多，一个 12 人规模的基地，每月也只需要 350 千克氧气。而一套制氧设备连续工作后，可生产出相当数量的氧气。因此，在月球基地建设时，应同时建造一个永久性的液氧库，以便供给航天器作为低温推进剂燃料使用。

日本两进太空的宇航员——毛利卫

毛利卫，1948 年生于日本北海道，1975～1985 年在北海道大学核工程系从事核聚变项目研究。1985 年他被美国国家航空航天局选为候补航天员，1992 年搭乘"奋进"号航天飞机升空，成为日本首位进入太空的宇航员。2000 年 2 月，毛利卫再次乘坐"奋进"号航天飞机进入太空。两次太空飞行的经历让毛利卫成为日本家喻户晓的人物。

"你的大腿会变细，皱纹会消失，这是太空的好处。然而，在太空上厕所，你可能会被自己放的屁熏晕，太空的危险和残酷也非常人所能想象。"这位日本首位宇航员毛利卫在讲述自己的太空经历时说，"小时候，我就非常喜爱科学，这对于成长为宇航员是非常重要的。"

毛利卫回忆 40 年前那件改

日本首位宇航员——毛利卫

变他一生的事情。毛利卫拿出一幅旧照片，13 岁的他站在一台黑白电视机旁边，满脸兴奋。那是人类首次登上太空的电视转播。1961 年，苏联宇航员尤里·加加林成为首位进入太空的人。"加加林说地球是蓝色的。"他清楚地记得自己当时是如何兴奋，还请哥哥给自己在电视机旁照了相。

"当时我就想去太空了，太空是充满未知的世界。"他说。

但进入太空绝非易事。在 1992 年首次登上太空之前，毛利卫经过了长达 7 年半的培训。回想那段岁月，毛利卫形容自己"给家人添了许多麻烦"，因此当他终于到达太空，便漂浮在太空舱中手持家人的照片拍照。

人们都知道太空中会失重。但是，失重问题有多么有趣和复杂，却很少有人仔细去想。

毛利卫在太空中做了个"小青蛙失重"的实验。失重的小青蛙无论怎么使劲都跳不起来。"小青蛙很困惑啊。"毛利卫幽默地笑道。

在太空中，人体也会产生奇妙的变化。平常，体液受到重力的吸引，偏重在人体下部；而到了太空，失去重力的体液会均匀分布，所以人的脖子会变粗，大腿会变细。没有了重力，皱纹也会消失。"女孩子们一定会很想去太空！"毛利卫还在太空中录制了一段宇航员吃饭的视频。他把日式咖喱饭带上太空，视频中可以看到米饭像方片面包一样。

有进就有出。"在太空中上厕所很难用力。"毛利卫说，更惨的是由于没有空气对流，臭气无法散开，"我曾放了个屁，差点把自己熏晕了。"

"地球是蓝色美丽的星球。"毛利卫在太空中用高清摄像机拍下了沙漠、海洋、云朵、雪山……"从太空看地球，会看到大气层如同一个苹果的表皮一般稀薄，能看到的生物大概是珊瑚礁，只有夜晚的灯光，才能让人想起还有 60 亿人存在。在太空中看地球，还可以看到许多在地面上意识不到的事情——森林渐渐被砍伐消失。与地图不同的是，你在太空中不会看到国界，会意识到水、空气，都是所有人类共有的，而且非常稀少，非常珍贵。"

"太空是十分危险的地方。想上太空，不是为了出名，而是真正实现自己的梦想。我花了 7 年，才登上太空，而那正是最应与家人共度的时光。然而，登上太空对我是如此重要，为此不得不牺牲了与家人们分享幸福的许多时间，接受各种训练、考试、面试，克服各种困难。"毛利卫说，"与各种各样的人交朋友的能力也很重要，太空船空间狭小，你得学会如何与他人愉快相处。"

航天服

　　航天服由服装、头盔、手套和航天靴等组成。其中结构最复杂的服装由14层组成：最里层是液冷通风服的衬里；衬里外是液冷通风服，这种服装是由尼龙弹性纤维和穿在上面的许多输送冷却液的塑料细管制成；液冷通风服外是两层加压气密层，然后是限制层，用来限制加压气密层向外膨胀；限制层的外面是防热防微陨尘服，由8层组成，起防热和防微陨尘作用；最外一层是外套。航天服虽然结构复杂，但穿起来并不困难，一般15分钟左右即可穿戴完毕。

　　由于航天服是一种特制的衣服，通常由通风层、气密层、保暖层等多层组成，是一个小的密封系统，具有防护作用和出舱两个功能。整套衣服重约120千克，价值高达上千万，再加上设计费用，总计能达到亿元。

法国第一位女宇航员——克洛迪·艾涅尔

　　2001年10月31日凌晨4时59分，法国女宇航员克洛迪·艾涅尔与同一小组的2名俄籍伙伴结束了在国际空间站的10天任务，顺利返回地球。单从技术上说，这次太空之旅与以往相比并无特殊之处，但对艾涅尔来说，却意义非凡，因为她创造了历史，成为法国乃至欧洲首位登上国际空间站的女性。

法国首位女宇航员——克洛迪·艾涅尔

　　欧洲太空署目前共有16名宇航员，艾涅尔是唯一一名女宇航员。

　　艾涅尔不仅是一位出色的宇航员，还是一名经验丰富的神经学专家，她1957年5月13日生于法国勒克勒佐，酷爱现代艺术，如绘画、雕塑，喜欢阅读和各类运动。

　　1985年，法国宇航局挑选

宇航员，虽然当时整个欧洲都没有一名女宇航员，但她还是怀着好奇心前去报名，并幸运入选，从此与航天结下不解之缘。从1990年到1992年，艾涅尔一直在法国宇航局生命科学部工作，这段时间，法国和苏联的"和平"号上的生命科学实验也由她具体负责。

1992年10月，她被指定为法国宇航员皮埃尔飞往"和平"号的"备份"人选。但皮埃尔于1993年7月1日顺利进入太空，艾涅尔登上"和平"号的梦想没有实现。正是在这个时候，皮埃尔走进了她的视线，她开始注意起这个以太空为家的神秘男人。1996年，艾涅尔和皮埃尔都登上了"和平"号，并在上面生活了2周，艾涅尔因此成为进入太空的第一位法国女性。她和皮埃尔的爱情也一发不可收，由宇航恋人变成了恩爱夫妻，哈萨克斯坦的拜科努尔基地成了他们的第二故乡。

此后，艾涅尔还参加了多次与太空有关的实验，博得俄方的广泛好评。1997年，她被任命为法俄航天公司"Starsem"的法方代表。第二年5月，她再度成为皮埃尔进入太空的"备份"人选。艾涅尔再度参加了艰苦的训练，获得俄"联盟"号系列宇航飞船和"和平"号空间站宇航工程师资格，为以后进入太空扫清一切障碍。

2001年1月，她参加了在莫斯科近郊的明星城的训练，开始准备10月份的太空之旅，她的角色早就被确定为"联盟号飞行工程师"，届时她将坐在"联盟"号TM—33的左边的椅子上。

头几个月的训练主要学习理论知识，其中200个小时花在学习"联盟"号的各个系统上。另外，她还用了150小时来熟悉国际空间站的俄罗斯部分。然后，艾涅尔和另外2名将和她一起飞赴国际空间站的宇航员一起在对接模拟器里进行了15个课时的手动返回地球训练，最后进入俄罗斯的国际空间站模块。这其中还要不停地进行身体训练，每周训练2—3次。每3月进行一次体检。

8月底，艾涅尔等3名宇航员飞赴位于美国休斯敦市的美国国家航空航天局约翰逊太空中心，在那里进行了一周的模拟训练，目的在于熟悉国际空间站的美国部分。

至此，艾涅尔的太空之旅总算进入了最后的准备阶段，日程安排得仍相当紧张，整个9月份都在考试、测试中度过的，还要接受一系列的身体测试，只有全部通过这些测试，他们才能拿到俄罗斯医疗委员会颁发的飞行许可证。在这段时间里，他们的太空服都依尺寸准备好了。

最后一次也是最折磨人、时间最长的测试是对整个任务过程的模拟。整个模拟过程长达 10 小时,宇航员必须身穿太空服,模拟时数名专家站在旁边,他们将一个个的难题抛给宇航员。等模拟结束,艾涅尔已经筋疲力尽。但他们仍不能立即休息,因为他们还要向这些专家解释那样解决难题的原因。

这些考试的难度都非常大,受测者必须保持清醒的头脑,进行最敏捷的分析,在最短的时间作出决定。但艾涅尔都顺利过关,当然,这在很大程度上得益于她深厚的俄语功底为她节省了不少时间。

"联盟 TM—33"宇航飞船于格林尼治标准时间 10 月 21 日 8 时 59 分升空了。艾涅尔一行 3 人就此拉开了奔赴国际空间站的行程。

升空后不到 9 分钟,第三级火箭脱落,"联盟"号便进入了预定轨道,靠太阳能提供动力。

10 月 23 日 10 时 44 分,在艾涅尔和队长阿法纳西耶夫以及地面控制飞行指挥员的密切配合下,"联盟"号和国际空间站成功对接。12 时 16 分,舱门打开,艾涅尔第一个从"联盟"号进入空间站,受到了空间站上的 3 名宇航员的热情欢迎。这标志着她创造了历史,成为第一位登上国际空间站的欧洲女性。随后,艾涅尔便按计划紧张地开始进入科学实验。

在 10 月 30 日的例会上,同事埃瓦尔德对艾涅尔的表现进行了评价:"艾涅尔在飞行工程师这个位置上干得非常出色,她的工作具有里程碑式的意义。她的模范作用将激励更多的欧洲妇女投身科学,甚至太空飞行。"傍晚,艾涅尔等 3 人进入即将被替换下来的"联盟"号,于 22 时 37 分关上了舱门,然后与空间站分离,开始了回程。

宇航员怎样睡觉

宇航员在天上绕地球航行,太空日出日落由航天器绕地球一圈的时间而定。有时 24 小时内日出日落交替许多次,宇航员无法遵循地球上"日出而作,日落而息"的生活习惯,只好机械地按钟点安排工作和睡觉。

宇航员在太空失重环境中就会失去上下的参照坐标,脚踩不到地,四周全是天,你根本分不清上下,因此,睡觉也就没有了"平躺"一说。由于无论站着、躺着还是趴着都可以入睡,所以宇航员睡觉可以飘在太空舱里睡,挂在墙上睡，绑在床上睡，也可以吊在梁上睡，靠在桌边睡。为了获得安全感，宇航员一般睡在固定的床上或固定在墙壁上的睡袋里，睡袋拉紧后能给人体施加一定的压力，使人消除那种飘飘欲坠的恐慌感。

英国第一位宇航员——迪莫西·皮克

2009 年，英国陆军航空兵试飞员，37 岁的迪莫西·皮克，获选成为欧洲宇航局第一位英国籍宇航员。

日前在法国巴黎举行的揭晓仪式上，皮克与另外 5 位来自欧洲其他国家的宇航员入选欧洲航天局新的太空飞行计划。

6 位新的宇航员中，2 位来自意大利，其中包括 1 位女性，克里斯托弗雷蒂，她也是欧洲航天局挑选的第一位女宇航员。另外，法国、德国和丹麦也各有 1 名。

英国籍宇航员入选对许多人来说有点意外。多年来，英国历届政府一直认为，载人航天飞行耗资巨大，不如探索无人驾驶航天飞行。这样的宇航策略使得英国籍的宇航员很难有机会进入太空，他们不得不靠争取私人赞助或加入其他国籍实现梦想。

翻开欧洲宇航历史，首位进入太空的英国籍宇航员是谢菲尔德出生的化学专家海伦·夏尔曼，她在 1991 年靠私人赞助搭乘俄国的航天器登上了"和平"号空间站。

在她之后另外还有 3 名英国出生后来加入美国国籍的宇航员曾进入太空。

欧洲航天局说，新挑选的宇航员的评判标准完全是他们的工作能力，而与他们所属国家政府的航天政策无关。

英国首位宇航员——迪莫西·皮克

迪莫西·皮克1982年加入英国陆军航空大队，担任直升飞机试飞员，有3000小时的飞行时间积累。

皮克对家人和朋友对他的支持表示感谢。他说，历时1年多的挑选过程很艰苦，过去几周来等待结果更是让人难熬。

新的宇航员从2009年9月份起开始为期18个月的集训，然后再进行具体航天任务的特别训练，让他们完全做好进入太空的准备至少还要3年半的时间。

宇航员怎样洗漱

宇航员洗脸刷牙比较奇特，为了防止水到处乱飘，一般用湿毛巾擦一擦脸就算是洗脸了；刷牙时，用手指蘸上牙膏来回蹭几下，然后再用湿毛巾把牙齿擦干净刷牙就算完成。如果像在地面上那样刷牙，牙膏泡会飞得满座舱都是。宇航员刮胡子一般使用电动剃须刀，使用时还必须十分小心胡子茬从剃须刀边漏出来。太空舱本来就十分狭小，环保问题就显得极为重要。如果细小的胡茬飘在座舱里，清理起来会十分困难。

太空理发也很不容易，因此无论男女宇航员在上天之前都要把头发理得短些再短些。但是长时间的飞行，头发又会长长，怎么办？宇航员必须发扬团结精神互相帮助，一人理发，一人拿着吸尘器吸走剪下的头发。

进入太空的首位华人——王赣骏

王赣骏，物理学家，是第一位进入太空的华人。

王赣骏祖籍中国江苏盐城，1940年6月16日出生于江西。王赣骏生下不久即随父母迁居重庆，抗战胜利后到上海。

1948年，王赣骏进入上海正志小学（现名常熟路小学）读书。1952年，他随父母迁往台湾。其后，就读于台北市师范大学附中，学习成绩总是名列班级前茅。

1960年，王赣骏中学毕业后，进入香港大学数学系，因为他希望将来成为一个科学家。1963 年，王赣骏随家人移民美国，进入加利福尼亚大学洛杉矶分校攻读物理学。1967 年获学士学位，一年后获得硕士学位。之后，他仍继续在该校深造，专读固态物理、流体力学和声学，尤其注重三者之间相互联系，并于 1971 年获博士学位。

1972 年至 1988 年间在加州理工学院喷气推进实验室（JPL）工作。1975 年成为美国公民。

1974 年，王赣骏建议在宇宙飞船上做"零地心吸力的液状况"实验，这在世界上是史无前例的。1976 年，美国国家航空航天局公开征求在宇宙飞船上进行的科学实验项目，结果在全美共 500 多个实

第一位登上太空的华人——王赣骏

验应征计划中，王赣骏的"零地心吸力的液体状况"项目成为获准接纳的 14 个项目之一。

1984 年 6 月，王赣骏被选为第一位到太空操作自己设计的实验载荷专家。

他于 1985 年 4 月 29 日至 5 月 6 日乘坐"挑战者"号航天飞机进行了为期 7 天的太空飞行，并完成自己设计的零重力下液滴动态行为的物理实验。

中国飞天第一人——杨利伟

杨利伟简历

杨利伟，男，汉族，辽宁省葫芦岛市绥中县人，大学文化程度。1965 年 6 月 21 日生，身高 1.68 米，中国人民解放军少将军衔，特级航天员，现任中国航天员科研训练中心的副主任。

1983 年考进空军第八飞行学院，后于 1996 年参加航天员初选体检。

1998 年 1 月，他和其他 13 位空军优秀飞行员一起成为中国第一代航天

中国第一位进入太空的太空人——杨利伟

员。由于航天员大队隶属总装，在当时改为陆军。

2003年7月，经载人航天工程航天员选评委员会评定，具备了独立执行航天飞行的能力，被授予三级航天员资格，时为中校军衔。

2003年10月15日北京时间9时，杨利伟乘由"长征2"号F火箭运载的"神舟5"号飞船首次进入太空。他和技术专家的创举使得中国成为第三个掌握载人航天技术的国家。

2003年10月15日，杨利伟晋升上校军衔。

2004年春节前后，晋升大校军衔。

2004年12月9日，杨利伟获香港中文大学颁发荣誉理学博士学位。小行星21064是以杨利伟来命名的。

2005年，杨利伟出任中国航天员科研训练中心的副主任。

2007年10月，在中共十七大上当选为中央候补委员。

2008年7月22日，晋升少将军衔。

中国载人飞天梦的实现

2003年10月15日晨，杨利伟进入飞船，按照规定程序有条不紊地进行着发射前的各项检查。

8时59分，0号指挥员下达了"1分钟准备"的口令。火箭即将点火，指挥大厅里充满紧张气氛，许多观看飞船发射的人紧张得连大气都不敢出，一切在瞬间仿佛凝固了。

杨利伟在飞船内安稳地目视着前方，静静地等待着那辉煌一刻的到来。医学监视仪器显示，杨利伟的心率：76次/分。据国外有关资料显示，发射前航天员因为激动或紧张，心跳一般都要加快，有的达到140次/分。

指挥大厅里传出了清晰的口令：10、9、8、7、6……这时，屏幕上出现杨利伟向大家敬了一个标准军礼的画面，全场顿时掌声雷动。一位老专家激动得满眼泪花，不住地说："杨利伟，好样的！"

飞船进入了太空轨道。这时，杨利伟突然感觉到身体似乎要飘了起来，他清醒地意识到，飞船已经脱离地球引力，来到了太空。在他还来不及体验失重的奇妙感受时，就觉得好像头朝下脚朝上，十分难受。他意识到这是在太空失重状态下出现的一种错觉，如果不及时克服，就很可能诱发"空间运动病"，影响任务的完成。他用平时训练的方法，凭着顽强的意志，强迫自己在意识上去对抗和战胜这种错觉，很快就调整过来，恢复了正常。

飞船在飞行。舷窗外，阳光把飞船太阳能帆板照得格外明亮，那下边就是人类的美丽家园。蔚蓝色的地球披着淡淡的云层，长长的海岸线在大陆和海洋间清晰可辨。

飞船绕着地球 90 分钟一圈高速飞行。一会儿白天，一会儿黑夜。黑白交替之间，地球边缘仿佛镶了一道漂亮的金边，景色十分迷人。杨利伟拿起摄像机，

船舱中的杨利伟

赶紧把这壮观的景色拍摄下来。他不由得从心里升腾起从未有过的强烈自豪感，为中国人飞上太空感到骄傲。他郑重地在飞行手册上写下了"为了人类的和平与进步，中国人来到太空了！"的字句。

飞船飞行到第七圈时，他又在太空展示了中国国旗和联合国旗，表达了中国人民和平利用太空、造福全人类的美好愿望。

国外媒体和航天员同行也一致认为这是一次完美的飞行。

杨利伟在太空飞行中的杰出表现，让世界再次对中国及中国的航天英雄刮目相看。

 知识点

"神舟 5" 号

"神舟 5" 号飞船是在无人飞船的基础上研制的我国第一艘载人飞船。飞

船由轨道舱、返回舱、推进舱和附加段组成，总长 8860 毫米，总重 7840 千克。飞船的手动控制功能和环境控制与生命保障分系统为航天员的安全提供了保障。整个飞行期间为航天员提供必要的生活和工作条件，同时将航天员的生理数据、电视图像发送地面，并确保航天员安全返回。首次增加了故障自动检测系统和逃逸系统。其中设定了几百种故障模式，一旦发生危险立即自动报警。即使在飞船升空一段时间之后，也能通过逃逸火箭而脱离险境。

2003 年 10 月 15 日 9 时，负载着"神舟 5"号的"长征 2F"火箭发射，于次日 6 时 28 分在内蒙古中部阿木古朗草原地区安全着陆。

这次的成功发射标志着中国成为第三个有能力独自将人送上太空的国家。

航天事业的幕后英雄

HANGTIAN SHIYE DE MUHOU YINGXIONG

在外太空漫步，登临月球，这本是出现在人们的梦里或科幻小说的事，却已经成为现实。美梦能成真，这与无数科学家的努力与探索是分不开的。然而，每一次载人航天的成功，我们耳熟能详的是走在"前台"的宇航员，比如加加林、阿姆斯特朗等等，而对于把他们推向前台的幕后"推手"，我们却知之甚少，甚至完全不了解，毫无疑问的是正是这些人默默无闻地努力才使人类完成了一次次飞向宇宙的壮举。

苏联的齐奥尔科夫斯基推导出了火箭的理想速度，并第一个提出了火箭就采用液体燃料的这一划时代的论点，从而为火箭日后的发展指明了方向，他因此被认为是"人类宇航之父"；苏联早期的航天成就几乎都与一个叫科罗廖夫的人有关，是他第一个用"东方1"号火箭将加加林送入了太空；美国"阿波罗登月计划"的实施与完成，与一个叫布劳恩的德国工程师关系极大，是他站在幕后把阿姆斯特朗"推"上月球接受全世界的注目；爱因斯坦以其震古烁今的"相对论"，为人类飞向宇宙引路……

当然，任何一项航天事业的成功，都不可能是一个人或几个人努力的结果，他是无数人智慧与血汗的结晶，对于这些默默奉献的幕后英雄，我们应当心怀敬意！

热气球发明者——蒙哥尔费兄弟

　　气球是与飞机或扑翼式飞行器截然不同的一种升空装置，它是利用热空气的比重轻于冷空气的原理，在大气球下边放上蜡烛或用其他方法加热空气，利用热空气上升的原理使气球升空。

氢气球升空图

　　1783年6月4日蒙氏兄弟将一个直径10米的大气球升空成功。9月19日，他们将第二个气球装上一只羊、一只鹅和一只鸡升空，结果成功地飞行了约3000米后返回地面。2个月后，蒙氏兄弟造出第三个气球，法国人罗齐埃和阿尔朗斯乘坐它成功升空。

　　此后，法国巴黎科学院的教授夏尔（1746—1823）又发明了氢气球，他和罗伯特于1783年12月1日亲自乘氢气球在巴黎的杜伊勒利宫升空。氢气球在设备结构上比热气球简化多了，但性能要比热气球好。气球的实验原理实际上与公元前140至前49年的汉武帝时代中国的"空蛋艾火"升空以及公元907至960年五代的松脂灯（又称孔明灯）的原理十分类似。

知识点

孔明灯

　　孔明灯，相传是由诸葛亮（字孔明）发明的。当年，诸葛亮被司马懿围困于平阳，无法派兵出城求救。他算准风向，制成会飘浮的纸灯笼，系上求救的讯息，其后果然脱险。另一种说法则是这种灯笼的外形像诸葛亮戴的帽子，因而得名。

孔明灯的结构可分为主体与支架2部分，主体大都以竹篾编成，次用棉纸或纸糊成灯罩，底部的支架则以竹削成的篾组成。孔明灯可大可小，可圆形也可长方形。一般的孔明灯是用竹片架成圆桶形，外面以薄白纸密密包围而开口朝下。

欲点灯升空时，在底部的支架中间绑上一块沾有煤油或花生油的粗布或金纸，放飞前将油点燃，灯内的火燃烧一阵后产生热空气，孔明灯便膨胀，放手后整个灯会冉冉升空。

滑翔机发明者——凯利和李林达尔

气球、飞艇等飞行器都不具有鸟类飞翔的特点。因此，在飞艇研究和出现的时代，飞机的研究也在进行。第一个写出飞机空气动力学论文的人是英国人乔治·凯利。这篇论文的贡献不亚于达·芬奇在航空方面的贡献，它为以后的固定翼飞机和旋翼机奠定了理论基础。凯利还从飞行机械原理，重力、推力、动力和阻力之间关系进行研究，从而开创了现代航空的新纪元。

在19世纪末叶，德国人奥托·李林达尔先后制成了18架仿鸟式载人滑翔机，共做了2000多次悬挂滑翔飞行试验，还完成180°转弯动作。他的实践和理论对后来莱特兄弟发明飞机有很深影响。他对鸟类飞行原理的研究也是举世闻名的，并写有《鸟类飞行——航空的基础》一书。这是一部航空经典之作。1896年8月10日，他在试飞中遇难，年仅48岁。为纪念他，柏林为他建了纪念碑。

根据凯利和李林达尔的理论，后来的英国人亨森绘出了飞机草图；法国人阿代尔造出了蝙蝠式飞机。此后，俄国人、德国人、美国人等都相继研究不同型号和形式的飞机（有螺旋桨式的、有扑翼式的、有翅膀式的），在世界范围内出现了

滑翔机

飞机研究热潮。最终人们弄清楚，在空中获得推力的最佳装置是螺旋桨而不是蒸气发动机。

知识点

第一架天文望远镜

1608 年，荷兰眼镜商人汉斯·里帕席为海军制造出世界上第一架望远镜，帮助政府击退来犯的西班牙侵略者。次年，也就是 1609 年，近代自然科学的开创者伽利略制造了一架 6 倍望远镜。接着，他又将自制的 20 倍望远镜的物镜对准夜空。就这样，伽利略成为天文望远镜的发明者，1609 年也成为近代天文学的起点。

天文望远镜是观测天体的重要手段，可以毫不夸大地说，没有望远镜的诞生和发展，就没有现代天文学。因此，天文望远镜被人们称为人类的"太空之眼"。随着望远镜在各方面性能的改进和提高，天文学也正经历着巨大的飞跃，迅速推进着人类对宇宙的认识。

飞机发明者——莱特兄弟

人类自古以来就梦想着能像鸟一样在太空中飞翔。而 2000 多年前中国人发明的风筝，虽然不能把人带上太空，但它确实可以称为飞机的鼻祖。我们都知道，最早发明飞机的人是美国的莱特兄弟。那么，是什么事情促使了他们开始着手发明飞机的呢？

1896 年，莱特兄弟在报纸上看到一条消息：德国的李林达尔因驾驶滑翔机失事身亡。这个消息对他们震动很大，于是弟兄俩决定研究空中飞行。

这时，莱特兄弟开了一家自行车商店。他们一边干活挣钱，一边研究飞行的资料。3 年后，他们掌握了大量有关航空方面的知识，于是便决心仿制一架滑翔机。

他们首先观察老鹰在空中飞行的动作，然后一张又一张地画下来，之后才着手滑翔机的设计工作。1900 年 10 月，莱特兄弟终于制成了他们第一架滑翔机，并把它带到离代顿很远的吉蒂霍克海边。这里十分偏僻，周围既没有

树木也没有民房，而且这里风力很大，非常适宜飞滑翔机。

后来，兄弟俩用了一个星期的时间把滑翔机装好，先把它系上绳索，像风筝那样放飞，结果成功了，然后由维尔伯坐上去进行试验，虽然飞了起来，但只有1米多高。

第二年，兄弟俩在上次制作的基础上，经过多次改进，又制成了一架滑翔机。这年秋天，他们又来到吉蒂霍克海边，结果飞行高度达到了180米。

弟兄俩非常高兴，但并不满足。他们在想能否可以制造出一种不用风力也能飞行的机器。

飞机发明人——莱特兄弟

兄弟俩经过反复思考，把有关飞行的资料集中起来，反复研究，却始终想不到用什么动力可以把庞大的滑翔机和人运到空中。有一天，车行门前停了一辆汽车，司机向他们借一把工具用用，来修理一下汽车的发动机。弟兄俩灵机一动，能不能用汽车的发动机来推动飞行。

从这以后，弟兄俩便围绕发动机动开了脑筋。他们首先测出滑翔机的最大运载能力是90千克，于是，他们向工厂订制一个不超过90千克的发动机。但当时最轻的发动机是190千克，工厂无法制出这么轻的发动机。

后来，一名制造发动机的工程师知道了这件事情，答应帮助莱特兄弟。过了一段时间，这位工程师果然造出一部12马力、重量只有70千克的汽油发动机。

弟兄俩非常高兴，很快便着手研究怎样利用发动机来推动滑翔机飞行。经过无数次的试验，他们终于把发动机安装在滑翔机上，不过是在滑翔机上安上螺旋桨，由发动机来推动螺旋桨旋转，带动滑翔机飞行。

1903年9月，莱特兄弟带着他们装有发动机的飞行再次来到吉蒂霍克海边试飞。虽然这次试飞失败了，但他们从中吸取了很多经验。过后不久，他们又连续试飞多次，不是因为螺旋桨的故障，就是发动机出了毛病，或是驾

驶技术的问题。

莱特兄弟毫不气馁，仍然坚持试飞。就在这时，一位名叫兰莱的发明家，受美国政府的委托，制造了一架带有汽油发动机的飞机，在试飞中坠入大海。

莱特兄弟所发明的飞机

莱特兄弟得知这个消息，便前去调查，并从兰莱的失败中吸取了教训，获得了很多经验，他们对飞机的每一部件作了严格的检查，制定了严格的操作规定。

后在 1903 年 12 月 17 日的一次试飞中，飞机飞行了 30 米后，稳稳地着陆了。45 分钟后，维尔伯又飞了一次，飞行距离达到 52 米。又过了一段时间，奥维尔又一次飞行，这次飞行了 59 秒，距离达到 255 米。

这是人类历史上第一次驾驶飞机飞行成功，莱特兄弟把这个消息告诉报社，可报社不相信有这种事，拒不发布消息。莱特兄弟并不在乎。继续改进他们的飞机。不久，兄弟俩又制造出能乘坐 2 人的飞机，并且在空中飞了一个多小时。

1908 年，莱特兄弟在政府的支持下，创办了一家飞行公司，同时开办了飞行学校，从这以后，飞机成了人们又一项先进的运输工具。

中国首创飞行大家——冯如

提起飞机的发明者和制造者，许多人都知道美国的莱特兄弟。殊不知，一位与莱特兄弟生活在同一个时代的中国留学生，在美利坚的大地上，完全依靠自己的聪明才智，设计、制造和驾驶了中国历史上的第一架飞机，他就是冯如。他的成功仅比莱特兄弟晚 5 年。

1883 年，冯如出生于广东省恩平县。1894 年，冯如随舅舅踏上了通往美国的航程，不久即到达美国的西部城市旧金山，开始了新的生活。6 年以后，冯如转往纽约，在那里攻读机器制造专业。他学习非常刻苦，为探讨一个问题，经常研究到深夜。5年过去了，冯如掌握了广博的机械制造知识，他通晓36种机器，还发明制造出了抽水机和打桩机，他设计制造的无线电收发报机由于性能良好

中国飞机发明人——冯如和他的飞机

深受用户的欢迎。冯如当时已成为一位小有名气的机器制造家。

正当冯如潜心研究和制造机械的同时，传来了日本帝国主义强占我国旅顺口、大连和中东铁路的消息。

1904年，日俄两个帝国主义国家，为了争夺在我国东北的特权，在中国的土地上进行了一场狗咬狗的战争。在美国的调停下，1905年9月两国订立了《朴次茅斯和约》，和约竟规定将辽东半岛南端的旅顺口、大连及附近海域转让给日本；从长春到旅顺口的铁路也交给日本所有。面对这一切，腐败的清政府却置之不理，并予以承认。冯如为祖国的不幸而感到痛心，发誓要用自己的一技之长报效祖国。起初，他想制造一艘军舰献给祖国，以加强中国的海防力量。当时，由于莱特兄弟发明了飞机，在国际上引起强烈的反响，各国纷纷研制飞机、飞艇、航空武器，作为当时国防的先进装备。冯如想，制造一艘军舰，要耗费数百万金钱，不如造数百架飞机，价廉省工，用处更大。主意拿定以后，他对他的助手们说："现在是竞争激烈的时代，飞机已经成为军事上不可缺少的装备，如果我们能够制造出千百万架飞机，分别驻守在中国的各港口，足以使中国的国防强大起来，外国列强再也不敢欺负我们！"当有人对是否有能力研制飞机提出疑问的时候，冯如坚定地说："我发誓要用毕生的精力为国家研制成飞机。苟无成，毋宁死！"

冯如凑集资金1000多美元，办起了中国人的第一家飞机制造公司。1907年9月，冯如和他的助手，爱国华侨朱竹泉、朱兆槐、司徒璧如一起，在屋仑地区租了一间厂房，开始了研制工作。当时莱特兄弟的飞机刚刚起飞没有多久，为了保持垄断地位，他们把所有资料全部封锁起来。冯如他们只能靠自己掌握的空气动力学的知识，白手起家绘制设计图纸。他们起早贪黑，没日没夜地干着，攻克了一个又一个技术上的难关。经过半年的努力，第一架

飞机终于制作出来了。

1908 年 4 月，冯如在奥克兰市的麦园进行试飞，他的朋友们为了安全起见，劝他换一个人试飞。冯如婉言谢绝了他们的好意，他对朋友们说："生命不足惜，只要中国的飞机能够飞上天，死也值得！"冯如挥手踏上了他所制造的飞机。随着轰轰的马达声，飞机离开了地面。当升至数丈高的时候，一个倾斜，飞机突然坠落在地上。围观的群众呼唤着冯如的名字，向飞机跑去，万万没有料到，冯如若无其事地从残损的机翼下钻了出来。只见他从容自若，面不改色，对走过来的助手们说："看来我们还要再一次从头开始。"

冯如经过周密的计算，重新设计了零件制作图，精心生产出机翼、方向舵、螺旋桨、内燃机等部件，经过组装，一架全新的飞机诞生了！9 月 21 日，冯如在哥林达市再次驾机试飞。飞机在他的操纵下，腾空而起，飞行了 2600多英尺（1 英尺 = 0.3048 米）以后缓缓降落在草坪上。经测定，冯如的飞机首飞竟达 2640 英尺，比莱特兄弟的首飞纪录还要远 1788 英尺。几天后，旧金山的一家报纸发文报道了这次试飞的消息。标题是：《中国人的航空技术超过西方》。飞机从设计到试航成功，仅用了一年零两个月的时间。冯如以他卓绝的天才，丰富的创造力，为中国人赢得了荣誉。冯如的成就，极大地鼓舞了正在遭受西方列强奴役的中国人民，使他们认识到中国人民的力量，增强了中国人民的自信心。孙中山先生看到冯如的成功表演时，感叹道："中国大有人才呀！"

1910 年，冯如在美国又设计和制造了一种性能更好的飞机。这架飞机机翼长 29.5 英尺，翼宽 4.5 英尺，内燃机 30 马力，螺旋桨每分钟转动 1200 转。当年 10 月，旧金山举办国际飞行比赛，冯如驾驶着他新设计的飞机参赛，以700 多英尺的飞行高度和 65 英里（1 英里 ≈ 1.609 千米）的时速分别打破了一年前在法国举办的第一届国际飞行比赛的世界纪录，荣获优等奖，再一次使中国人的航空技术超过了西方。冯如已经成为举世公认的飞机设计师、制造家和飞行家。

冯如的名声越来越大，不惜重金聘用冯如的外国公司越来越多。为了争夺制空权，欧美各国都在积极发展航空事业，他们拼命地网罗航空方面的专业人才。冯如一心想的是发展中国的航空事业，想的是为中国多制造一些飞机，所以他断然回绝了各国的聘请，仍然寻找机会为祖国服务。当时的清政府也在着手筹建空军，他们托人到美国找到冯如，希望他回国做事。冯如喜出望外，当即表示同意，说："为祖国贡献出我微薄的才智，正是我平生的愿望呀！"

1911 年 2 月，冯如和他的助手朱竹泉、朱兆槐和司徒璧如，携带着他们自制的 2 架飞机以及制造飞机的机器，踏上了归国的航程。在途中，望着波涛滚滚的太平洋，冯如思绪万千，他想起了当今世界航空事业发展迅猛异常，从第一架飞机的诞生开始，在不到 10 年的时间内，全世界已有 860 多架，这些飞机绝大多数掌握在西方列强的手中，而中国却连一架也没有。他发誓要抱着"壮国体，挽利权"的宗旨，发展祖国的航空事业，尽快使祖国富强起来。

经过 1 个多月的航行，冯如一行人顺利抵达香港，清政府派了"宝璧"号军舰专程迎接，将飞机和机器安置在广州郊外。冯如原准备在广州郊外为国民演示飞机驾驶，但因革命党人发动的黄花岗起义爆发，此计划未能实现。随着革命高潮的即将来临，清政府对冯如越来越不放心，他们不仅取消了飞行表演的计划，而且还派人监视冯如的行动。反动政府的昏庸和腐败，使冯如非常失望，他时常仰天长啸，深感自己生不逢时，报国无门。

正当冯如陷于极度苦闷之中的时候，辛亥革命爆发了。冯如毅然参加了革命军，投入到推翻清王朝，建立共和国的革命洪流中。革命军委任冯如为陆军飞机长，授权冯如准备组织飞行侦察队，配合北伐军对驻守北方的清王朝进行空袭。后来由于南北统一，飞行侦察队未能组织起来。孙中山就任南京政府临时大总统以后，非常重视发展中国的航空事业。他积极筹建南京机场，并在 1912 年 2 月举行中国第一次航空飞行演飞。在这次演习中，冯如等人驾驶的飞机由于中途发生了故障，飞行数丈后即降落，飞机也有所损坏。尽管这次演习未获得成功，但是它的政治作用达到了，各报相继报道了这一消息，并在全国引起了积极的反响，因为这毕竟是中国人第一次在自己的国土上使用自己的飞机进行的飞行演习。

1912 年 8 月 5 日，经民国临时政府批准，冯如在广州郊区作第二次飞行表演。中午 11 点左右，冯如健步出现在观众面前，他简单地介绍了飞机的性能，然后登上了飞机，为观众作飞行表演。伴随着马达的轰鸣声，飞机升上了高空。冯如驾驶着自己制造的雄鹰在蓝天上飞翔。飞机像一只矫健的银燕，忽高忽低，忽左忽右；看台上欢声雷动，鼓乐齐鸣。飞机的空中技巧表演结束后，冯如准备着陆。突然，他望见远远的跑道上有两个儿童在戏闹，不幸的事件即将发生。就在这千钧一发的紧急时刻，冯如猛拉操纵杆，脚踩加速器，飞机像一只发疯的雄鹰，猛然冲上天空，一场突如其来的灾难避免了。但是，由于冯如用力过猛，飞机失去了平衡，在抖动中，部分零件损坏，飞机突然坠落在草地上。周围的观众像潮水一般向着冯如拥来。当他们把冯如从飞机的残骸中救出来的时候，冯如的头部、胸部、腹部等都受了重伤。观众噙着泪水把冯如送到了医院，经抢救无效去世，年仅29岁。

9月24日，广州各界人民在冯如飞机坠落的地方举行了追悼会。遵照冯如的遗愿，他的遗体安葬在广州东郊白云山下黄花岗烈士墓的左侧，并立碑纪念，尊其为"中国首创飞行大家"。

 知识点

多镜面天文望远镜

天文望远镜太大或稍有变形，就无法跟踪在夜空中移动的星星的轨迹。解决这个问题的办法之一就是运用现代电子和光学技术，把较小的望远镜成群地组合起来。这就是多镜面天文望远镜。

来自天体的光能被聚集多少，是与镜片面积成正比的。采用多镜面天文望远镜既减轻了重量，又增大了面积，制作费用也少得多，效果也优于其他望远镜。多镜面天文望远镜开辟了使用巨大天文望远镜的新时代。

人类宇航之父——齐奥尔科夫斯基

在齐奥尔科夫斯基提出他的关于使用液体燃料作为火箭推进剂的理论之前，几乎所有关于未来火箭的设想，都是建立在以固体火药作为火箭燃料的理论基础上的。齐奥尔科夫斯基提出了使用液体燃料的可能性，这使火箭研究者们眼前一亮。从此火箭研究走出了单纯使用固体燃料的死胡同。

其实，齐奥尔科夫斯基对现代火箭领域的贡献还远远不止这些。

齐奥尔科夫斯基于1857年生于俄罗斯。幼年时期的齐奥尔科夫斯基并没有受到命运女神的青睐，相反，他在童年就承受了许多常人难以忍受的痛苦与折磨。在齐奥尔科夫斯基9岁那年，他染上了急性传染病——猩红热。由于当时医疗条件不好，虽然他侥幸逃脱了死神的魔掌，但却留下了终身不能

痊愈的后遗症：双耳近乎于失聪，只能靠助听器生活。然而，也许正像人们常说的那样，困难的环境往往成就了天才。命运并没有使齐奥尔科夫斯基屈服，相反却激发起他与之抗争的雄心。

齐奥尔科夫斯基的疾病使他几乎没有受过正规的初等教育，于是他就在家自学了小学和中学的各科课程。他从小就喜欢观察那无边无际的星空，幻想有一天也能在神秘的宇宙中遨游。于是在16岁那年，他踏上了去莫斯科求学的道路，希望能在大学课堂中充实自己。然而，莫斯科的大学同样以他的耳朵不能正常听课为由，拒绝了他的入学申请。齐奥尔科夫斯基就完全凭自学学完了高等数学、物理、化学、天文学等几乎所

人类宇航之父——齐奥尔科夫斯基

有的大学课程，这为他日后的研究打下了坚实的基础。

迫于生活的压力，齐奥尔科夫斯基几年后从莫斯科返回家乡，在乡村学校里拿起了教鞭，成为一名中学教师。他在课堂上善于启发大家的思维，并领导孩子们自己动手做一些简单的航空小实验；而在课下，他也从没有放弃他的理想和追求。他的妻子和家人在这方面给予他莫大的理解和支持，节衣缩食省下钱来供他购买书籍和器材用于研究。

莫斯科

1883年，年仅26岁的齐奥尔科夫斯基发表了他在航天方面的第一篇科学论文《外层空间》。他提出要想走向宇宙，必须依靠喷气装置的力量，并进而画出了世界上第一张宇宙飞船的草图。在描述飞船依靠的动力时，他形象地将宇宙飞

船比作成一个充满高压气体的大桶，人们只要拧开这个大桶后部的旋钮，使高压气体不断跑出，那么气体产生的反推力就能推动这个大桶前进。

1903 年，齐奥尔科夫斯基发表了他最著名的论文《利用火箭仪器研究宇宙空间》。在这篇重要的文献中，齐奥尔科夫斯基不但明确指出火箭是让人类走出地球进而征服宇宙的得力助手，而且在世界上第一个提出了未来火箭应采用液体燃料的这一划时代的论点，为火箭日后的发展指明了方向。

齐奥尔科夫斯基认为固体燃料的一个致命弱点是反应不容易受到控制，而使用液体燃料可以让这个棘手的问题迎刃而解，于是他提出了一套使用液体燃料和氧化剂的方法。他认为就像在汽车上安装油门一样，只需在火箭的燃料储藏室安一个阀门和一个泵，通过这个阀门来控制流进燃烧室的燃料的流量，就能达到控制反应速度的目的。而且这种方法还有一个优点，就是可以随时中止反应，也可以随时重新点火。此外他还推导出了火箭的理想速度公式，人们称之为"齐奥尔科夫斯基公式"。

人们对齐奥尔科夫斯基的论点先是大为惊诧，继而感到由衷的敬佩。日后火箭发展的进程证明了齐奥尔科夫斯基的这个论点的正确性。

除了上述成就以外，齐奥尔科夫斯基还是一个出色的工程师。他在朋友的帮助下于 1891 年设计、制造成功了俄国第一个实验风洞（一种测验在各种实验条件下的气动力学参数的仪器），并用它做了空气阻力实验。此外，齐奥尔科夫斯基在业余时间还是一名科幻小说作家，他曾写过一本名为《在地球之外》的小说，描写了一些人乘坐飞船，在太空里生活的故事。其中一些细节，比如人在太空中处于失重状态等，都被后来的实际宇宙飞行所验证。

齐奥尔科夫斯基有一句名言："地球是人类的摇篮，但是人类不会永远躺在摇篮里，而会不断地探索新的天体和空间。首先，他将小心翼翼地穿过大气层，之后，便去征服整个太阳系空间。"直到今天，这句话仍在激励人们向宇宙里的未知领域勇敢地迈进。

液体推进剂

1898 年，俄国人齐奥尔科夫斯基提出液体推进剂用于航空的理论。1926

年，戈达德发射第一个液体火箭，使用液氧和煤油二元推进剂。50 年代，苏联发射第一个人造地球卫星，使用的就是液氧和煤油。

　　液体推进剂大体可分为单元和二元两类。单元推进剂可以是一种液体物质，也可以是一种互相溶解的多成分液体混合物，常用的有硝酸酯化合物等。二元推进剂包括液体氧化剂和液体可燃物。常用的氧化剂有硝酸、液氧等；可燃物有偏二甲肼、液氢等。燃烧时将两种液体分别注入火箭发动机的燃烧室中。

　　与固体推进剂相比，液体推进剂的能量高，发动机可重复使用，成本低廉，性能容易调节，精度高。缺点是设备复杂。因此，世界各国近地轨道卫星、通信卫星、侦察卫星、星际探测器和星际飞船等大推力运载火箭，都以使用液体推进剂为主。

美国火箭之父——罗伯特·哥达德

　　被尊称为"美国火箭之父"的罗伯特·哥达德于 1882 年出生于美国马萨诸塞州。与齐奥尔科夫斯基一样，他从小就对天文学表现出浓厚的兴趣。

　　1919 年，他在美国的克拉克大学获得了理学学士的学位，并于同年开始研究火箭。起初，哥达德像前人一样把研究重点放在使用固体燃料的火箭上，不过很快他就发现了固体推进剂本身存在的那些几乎是难以克服的缺点。这个时候，齐奥尔科夫斯基那篇著名的《利用火箭仪器研究宇宙空间》的论文已经正式发表，哥达德深受启发，毅然放弃了以往错误的研究方向，转而成为液体火箭理论的坚定支持者。他不但郑重指出只有应用液体燃料的火箭才能获得足够大的推动力，而且还明确提出了多级火箭的设计思想。他认为将几级火箭串联起来依次点燃，可以达到单级火箭所不能达到的高度。

　　1919 年，哥达德发表了题为《达到极大高度的方法》的论文，系统地论述了火箭运动的基本原理。就在这篇论文里，哥达德在严密的理论推导和数学计算的基础上提出了一个大胆而惊人的假设：人们只要制造一枚质量为 598 千克的液体燃料火箭，就可以将 0.9 千克的镁成功地送上月球的土地。点燃这些镁，那么地球上的人们将通过天文望远镜看见月球上由这些镁燃烧所发出的动人心魄的闪光。

　　1923 年，哥达德完成了用汽油作燃料、用液态氧作氧化剂的液体燃料发动机的实验，这是世界上第一次将液体燃料用于火箭发动机的实验。这次实验获得成功后，哥达德马不停蹄地开始了制造液体发动机火箭的尝试。

1926年3月16日，这是人类火箭发展史上值得纪念的一天。在这天，哥达德在马萨诸塞州的奥巴恩田野里试验了人类历史上第一枚液体发动机火箭。这枚火箭最高飞到了12.8米，直线飞行距离约为56米。的确，与以后几十年中出现的重达数十吨、长十几米甚至几十米的火箭比起来，这枚重不到10千克的小火箭无论从身材还是从射程看都是那么微不足道，然而它却开启了人类利用火箭的新纪元。

此后，哥达德继续对液体火箭的研究。在首次试飞之后不到10年的时间里，哥达德的火箭已经能够达到900千米的时速，可以飞到2.5千米高的空中去了。哥达德还获得过2002项有关火箭、航空技术方面的专利，为现代火箭的发展作出了巨大的贡献，因而被称为"美国火箭之父"。

射电天文望远镜

宇宙间许多天体发射无线电波的能力比发射光波的能力大得多。天鹅座A射电源发射无线电波的能力比太阳强100亿亿倍。宇宙间的尘埃使天体的光线减弱，而天体发出的无线电波却很少受到影响。

射电天文望远镜不同于光学天文望远镜，它能把天体发出的无线电波汇集起来，因而能发现更遥远、更微弱的天体。

"阿波罗登月计划"灵魂人物——布劳恩

韦纳·冯·布劳恩（1912—1977），德国工程师。他先后为著名的V—1、V—2火箭的诞生，美国第一颗卫星的发射成功，以及第一艘载人飞船"阿波罗11"号登上月球作出突出贡献，而美国航天飞机的研制也是自他手发端。

韦纳·冯·布劳恩1912年3月23日出生于德国维尔西茨的一个贵族家庭，后随全家移居柏林。冯·布劳恩的母亲是一位出色的业余天文学爱好者，她循循善诱地培养小布劳恩的好奇心。她送给儿子的一架望远镜，激发了布劳恩对宇宙空间的兴趣，成了一个大科学家成长历程的开端。

学生时代的布劳恩就表现出与众不同的探险精神。13 岁时，他在柏林豪华的使馆区进行了他的第一次火箭实验，也因此被警察抓住，但这并未影响年轻的韦纳对火箭发射的兴趣。他的好奇心使他不断地实验自制火箭。然而也因此耽误了复习功课，使他在一次考试中，数学、物理都不及格。

一天，布劳恩读到了一本名为《通向星际空间之路》的

柏林大学

书。正是这本书，使他毫不犹豫地选定了自己的终身事业：为人类征服宇宙空间贡献一切力量。也正是这个远大的理想，使顽皮的布劳恩开始专心刻苦地学习数学、物理等一切有助于达到目标的功课。不久，他便成了班上功课最好的学生。后来，他考入了夏洛滕堡工学院，再后来，布劳恩转入柏林大学继续学习，同时在那里建立起了自己的实验小组。

1934 年，这位 22 岁的学生以物理学博士学位毕业。他写的毕业论文论述了液体推进剂火箭发动机理论和实验的各个方面。柏林大学把这篇论文评为最高等级——特优。这虽只是一篇毕业论文，但它对航天事业的发展意义重大。甚至在大约 30 年后，德国宇宙飞行协会还将该文作为其正式期刊的特刊重新出版。就这样，冯·布劳恩为自己的学生时代画上了一个闪光的句号，并开始迎接崭新的工作历程。

飞向宇宙是布劳恩毕生的理想。他为之所做的第一步努力就是研制大功率的液体推进剂 V—2 型火箭。工程是巨大的，难题堆积如山，亟待解决。冯·布劳恩以其对独创性工程的巨大热情，领导他的技术班子，最终使 V—2 成为现实。V—2 诞生的意义可以与航空领域内莱特兄弟发明的飞机相提并论。

希特勒曾对火箭技术发生兴趣。在 1939 年，希特勒参观发射试验台的时

候，布劳恩被指定给元首讲述技术原理。布劳恩以他一贯的认真严谨态度为希特勒讲解火箭的基本构造，正如他后来为美国总统肯尼迪分析月球接轨方案优劣时一样的认真。但他很快发现，希特勒对他的介绍几乎是一耳进一耳出，只有提及 V—2 可能具有的军事用途时，元首的眼睛才闪闪发亮。布劳恩开始隐隐感到他的航天梦的前途将是不平坦的。

1944 年 3 月，冯·布劳恩被盖世太保抓进了监狱。记录在案的逮捕原因是：他和他的同事们一起声明，他们从来没有打算把火箭发展成为战争武器。他们在政府压力之下从事的全部研制工作，目的只是为了赚钱去做他们的实验，证实他们的理论，他们的目的始终是宇宙旅行。因此布劳恩可能被判为叛国罪并被枪毙。最终由于朋友们的多方营救和叛国罪名理由不充分，布劳恩被释放了。

后来，第二次世界大战以其不可逆转的局势向前推进着。美国在意识到了 V—2 破坏性的同时，也深知它的价值，所以他们将韦纳·冯·布劳恩的名字列入战后所需搜罗的科学家名单之中。而与此同时，布劳恩正被党卫队监视着。他也在设法与美国人取得联系。他认为"把我们的'婴儿'交给妥当的人，这是我们对人类应尽的责任"。当布劳恩最终顺利到达美军营地的时候，美国士兵不敢相信这个 30 刚出头的年轻人是著名 V—2 型火箭的主要发明者。一个步兵说："我们如果不是抓到了第三帝国最伟大的科学家，就一定是抓到了一个最大的骗子。"

这个第三帝国的大科学家到达美国后，以他的卓越才智和工作热情，继续为人类的航天事业做着不可磨灭的贡献。战后的和平，使布劳恩大胆地憧憬他理想中的星际空间旅行了。他根据自己的研究成果和对宇宙的向往，与人合作出版了一本科幻小说《火星计划》，引起轰动。当许多人认为布劳恩所提出的人造卫星、航天站、月球飞船等建议是遥不可及的时候，他已经在为他的梦想努力工作了。

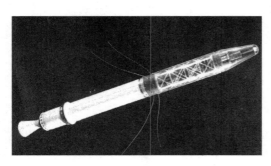

"探险者 1"号卫星

在布劳恩取得的一系列成就中，由他命名的"探险者 1"号卫星的发射成功可以说是一个里程碑。1958年1月31日，美国发射了它的第一颗卫星"探险者1"号，整个发射过程持续了8分钟，坐在五角大楼指挥中心的布劳恩觉得这8分钟的等待比8年还长。发射终于成功了，许多荣誉随之而来，而他也是当之无愧的。

《时代》杂志编辑拼命地赶写一篇详尽的、以冯·布劳恩为封面图片的报道。白宫举行了盛大仪式，在这个仪式上，艾森豪威尔总统向布劳恩颁发了美国公司服务奖。巨大成功之后的工作依旧是繁忙的，这一切都是在为下一个辉煌做准备。

在美国建立国家航空航天局后，布劳恩成为该局亨茨维尔中心的主任。他常被要求出席国会听证会，回答议员们提出的各类问题，从而协助议会讨论决定美国航天事业的发展方向。议员们喜欢布劳恩无与伦比的学识、智慧和魅力。一位参议员曾说："听冯·布劳恩博士讲话，就像过去听电台广播科学幻想节目一样。"如果这位议员去掉"幻想"这个词，他的比拟就会显得更恰当。因为他们很快开始认识到，布劳恩告诉他们或预言的一切，通常不久就会成为现实，例如登月飞行。

布劳恩领导的研究班子一开始就投入了这一人类伟大计划。他主持研制的"土星5"号火箭是准备将美国人送上月球的运载工具。这是一个庞然大物，整个系统及地面辅助设备零件有900万个之多。这些部件都必须精确配合工作，经过4次点火，才将飞船送上月球，然后还要返回地球，进行回收利用。"土星5"号应是"完美"的代名词，因为它不仅成功地将载着阿姆斯特朗的"阿波罗11"号送上月球，而且以后还被用于"阿波罗6"号、"阿波罗7"号、"阿波罗9"号至"阿波罗17"号的飞行，每次运载性能都几乎毫无瑕疵。这简直可以说是奇迹。这是布劳恩及其领导的科学家们用他们的才智创造的奇迹。

20世纪70年代初，任职于航空航天局的布劳恩开始着手航天飞机的研制工作。他为这一计划的出台、成形作出了不少贡献。

1975年，布劳恩患肠癌住院，不久出院。他虽然病得很重，但仍继续快乐地工作。布劳恩称自己是世所罕见的真正心满意足的人之一。

1977年6月16日，韦纳·冯·布劳恩因患肠癌在美国华盛顿逝世，终年65岁。人类的航天事业将永远与布劳恩这个名字紧密地联系在一起。

月球玻璃

我们知道，建筑业离不开玻璃，因此在月面上生产玻璃显得尤为重要。通常的玻璃由71%—73%的氧化硅、12%—14%的硫酸钠、12%—14%的氧化钙组成。月球土壤中含有40%—50%的氧化硅，因此，科学家设想在月面上制造玻璃是以氧化硅为主。其精制方法较为简单，在月球土壤中根据需要加入各种微量添加物，用硫酸溶解出一些无用的成分之后，在1500℃—1700℃的温度下熔化，然后经过压延冷却，即可制成月球玻璃。

苏联的航天之父——科罗廖夫

在航天事业中，科罗廖夫可与美国的布劳恩相提并论，苏联早期的航天成就几乎都有科罗廖夫的功劳。这些成就比如：第一枚弹道导弹；将小狗送入太空的地球物理火箭；飞毛腿导弹；第一枚洲际导弹；世界第一颗人造卫星；送加加林上天的"东方1"号火箭；"联盟"号飞船和"礼炮"号飞船。

科罗廖夫

谢尔盖·科罗廖夫（1906—1966），生于乌克兰的一个教师家庭，早年从事飞机设计工作，20年代结识了齐奥尔科夫斯基，立志于火箭研究。1933年他担任了世界第一个国家火箭技术研究所——苏联国立喷气推进研究所副所长，他的学术造诣和组织天才对苏联火箭研制工作起了决定性的作用。

科罗廖夫传奇的一生，是在坎坷和辛劳中度过的。他以半工半读形式完成中学和高等专科学校的课程。他的聪明能干赢得了著名飞机设计师图波列夫的帮助。他发愤工作，不断深造，很快成为图波列夫的得意助手。

1929年，他拜齐奥尔科夫斯基为师，参与组建火箭喷气推进小组。

1932年成为这个小组的负责人。

1933年这个小组与另一个实验室合并，成立喷气科学研究所，科罗廖夫为负责科研的副所长。他的出色工作赢得军队首脑图哈切夫斯基元帅的支持，很快取得了火箭研究和试验的许多成果，他还出版了《火箭发动机》和《火箭飞行》等著作。

1937年，图哈切夫斯基在肃反运动中以间谍罪被处决，这牵连到科罗廖夫，他被流放到西伯利亚服苦役。后经图波列夫的极力申请，被调到一家监狱工厂从事飞机设计工作。

当苏联获知希特勒在德国搞导弹的情报后，科罗廖夫被调到另一家监狱工厂进行军用火箭研究。在卫国战争中，他乐观和忘我地从事前线所需的火箭研究工作，常常亲自参加火箭飞机的飞行试验。一次液体火箭发动机爆炸，他被炸得头破血流，而他却庆幸这能使他找到爆炸的真正原因。

"二战"后，科罗廖夫在原有的基础上，并利用V—2的资料，开展火箭研究。1946年8月，他被任命为弹道式导弹总设计师。他不辞劳苦，深入一线协调指挥工作，1947～1953年取得了一连串成果，包括仿制和自行设计的近程、中程、远程和战术导弹的发射成功，地球物理火箭将小狗"莱伊卡"送入高空等等。

1957年8月3日洲际导弹试飞成功，接着于10月4日发射成功第一颗人造地球卫星，成为航天时代的重要标志。

1959年9月和10月，"月球2"、"月球3"号分别接触月球和拍摄了月背照片。这年年底他又马不停蹄地开始执行金星和火星探测计划。这时科罗廖夫已疾病缠身，医生要他长

"联盟"号飞船

期休养，但他感到最缺乏的是时间，他决定拼死工作。除星球探测计划外，他还改进和发展洲际导弹，将射程增加到 12000 千米—14000 千米。

与此同时，他还实施载人飞行计划。1961 年 4 月 12 日，尤里·加加林乘"东方 1"号飞船首先进入太空；1963 年第一个女航天员捷列什科娃进入太空。接着他又为载人空间站作准备，包括载人长期太空飞行、载多人飞行、多艘飞船的轨道会合和编队飞行、太空行走和航天器的轨道对接技术等。可惜他未能看到"联盟"飞船与"礼炮"号空间站对接，就与世长辞了。

航天理论的引路人——爱因斯坦

1905 年，阿尔伯特·爱因斯坦在一份德国科学杂志上发表了几篇重要的数学方面的论文。现在，这几篇论文成了历史上最重要的科学文件之一。这几篇论文解释了什么是"狭义相对论"。10 年后，爱因斯坦又将"狭义相对论"发展为"广义相对论"。爱因斯坦的相对论是用来解释自然界的基本概念，包括时间、空间、质量、运动和引力等。

航天理论的指引者——爱因斯坦

阿尔伯特·爱因斯坦 1879 年出生在德国乌尔姆，其父开了一家制造电器的工厂，母亲喜欢音乐和读书。父母系犹太人，但他们不太遵守犹太族的教规。小时候的爱因斯坦是个文静的孩子，喜欢独处，直到很大了才学会讲话，书读得也不太好。

在爱因斯坦 5 岁时，父亲给了他一枚指南针。当发现指南针总是指向同一个方向北极时，爱因斯坦充满了好奇，便问父亲和叔叔是什么东西使得指南针总是指向同一个方向，这使得两人很为难，因为让孩子搞明白什么是磁力和引力显然是很困难的。但是，爱因斯坦花了很长时间思考指南针，他觉得指南针的背后肯定隐藏着什么秘密。

童年的爱因斯坦不喜欢上学，那时的德国学校不许学生提问，爱因斯坦说上学就像坐牢。有个故事说爱因斯坦告诉他的叔叔说他有多么恨学校，尤其是数学。他的叔叔告诉他说："解决数学难题就像警察抓小偷，警察不知道小偷是谁，称小偷为 X，用代数和几何抓住他。"

受了叔叔的启发之后，爱因斯坦开始慢慢地爱上了数学。当同学们还在学习简单的数学时，爱因斯坦已在攻读复杂的计算数学了。

爱因斯坦一直以来都想当数学和物理老师，但事实上他后来从瑞士苏黎世联邦科技学院毕业后，并没能找到一份教书的工作。于是，他在瑞士

爱因斯坦出生地——德国乌尔姆

政府当了一名新发明专利审查员。这份工作很清闲，所以他有很多时间来思考一些科学理论。

其实，爱因斯坦还是个孩子的时候，就做了他称之为"思考的实验"来试验他的思想，他将头脑当做实验室。到了 1905 年，他将自己的思想变成论文发表了。在一篇论文中，他说光以波和粒子的形式传播，这个概念是量子论的重要组成部分。另一篇论文是关于悬浮在液体或气体中的微小粒子的运动，这篇论文肯定了物质的原子论。

在"狭义相对论"中，爱因斯坦说："光速是恒定的，即每秒近 30 万千米。无论光从哪里来，也无论谁来测量光速，其速度都是恒定的。但是，时间可以改变，质量也可以改变，还有长度也会变。这些取决你所处的位置与物体或实验的关系。"

假如有两艘飞船，每艘飞船上坐上一名科学家。一艘飞船是红色的，另一艘飞船是蓝色的。除了颜色以外，两艘飞船完全相同，飞船穿越遥远的太

空。两位科学家都感觉不到飞船在动，他们都觉得是对方的飞船在动，而自己的飞船没动。当两艘飞船高速飞行时，两位科学家都以完全相同的方式同时做一项实验，将一束光从飞船的地板上照到天花板上的一面镜子上，镜子又将光反射到了地板上。每艘飞船都有一扇窗，这扇窗让两位科学家彼此可以看见对方的实验。蓝色飞船上的科学家看见自己的那束光直上、直下。当他看红色飞船时，发现红色飞船飞得很快，光束并不呈直上、直下状态，而是呈颠倒的"V"字形。红色飞船上的科学家看蓝色飞船也是这样，他们彼此发现对方的飞船时间变慢了。两位科学家都是对的，因为时间的流逝与观察者的位置有关系。他们彼此还发现对方的飞船比自己的飞船短了些。飞船飞得越快，对方的飞船看上去好像越短。虽然对方的飞船看上去短了，但是飞船的质量却增加了，飞船似乎变重了。这个理论很难被接受，但其他科学家通过实验证明了爱因斯坦的理论是正确的。

"狭义相对论"发表10年后，爱因斯坦又发表了"广义相对论"。"广义相对论"将"狭义相对论"扩展到了正在加速的物体的运动，提出了关于引力和物质与能量之间的密切关系的新理论。爱因斯坦的这一新理论建立在他1905年发表的"狭义相对论"关于质量的概念上。

爱因斯坦相信：物体发光时，会失去质量，因为光是一种能量。物质和能量是相同东西的不同形式，这就是他著名的数学表达式：$E = mc^2$。这个公式说明了巨大的能量可以来自微小的物质，也解释了太阳为什么可以持续亿万年不断地发出光和热，并且还引导了原子能的发现。

在广义相对论中，爱因斯坦说："引力像时间一样并不总是相同的。当观察者加（减）速飞行时，引力会变。来自很大物体的引力，如恒星，可以让光波的路径扭曲并偏向该物体。"这简直令人难以置信。但是，到了1919年，英国科学家在一次日全食时证实了爱因斯坦的理论，爱因斯坦马上闻名全世界。

1933年，希特勒在德国掌权后，爱因斯坦被迫移居美国并继续从事科学研究。他就职于美国新泽西州普林斯顿高级研究所，并于1940年加入了美国国籍。

爱因斯坦是个名人，但你看不出他是个名人，花白的头发又长又乱，穿着也很土气。他拉小提琴或谈论工作时，总是表现出内在的喜悦。他的学生和朋友们说爱因斯坦总会用形象好懂的语言来解释深奥的概念。

爱因斯坦持续 25 年潜心研究"万物论",他希望找到一种可以将物理学的各个不同部分连接起来的公共的数学表达式,但没有成功。

1955 年 4 月 18 日,阿尔伯特·爱因斯坦因主动脉瘤破裂不幸在美国普林斯顿逝世,享年 76 岁。爱因斯坦是一位伟大的物理学家,是他改变了我们对宇宙的认识。

中国航天之父——钱学森

钱学森是我国杰出的火箭专家,也是我国火箭、导弹事业的奠基人和总设计师。在他的领导下,中国科学家刻苦钻研、奋力拼搏,使中国的火箭、航天事业在短短的三四十年时间里从无到有,从弱到强,并最终跻身于世界航天强国之列。

钱学森祖籍浙江省杭州市,1911 年 12 月 11 日出生在上海。在他 3 岁那年,随父亲来到北京生活。

1935 年,钱学森获得了清华大学公费出国留学的资格,踏上了美国的土地,他最先来到马萨诸塞州的坎布里奇市。坎布里奇市与该州首府波士顿隔查尔斯河相望,是一座只有 10 万人口的小城市,然而它却因为拥有两所世界著名的高等学府而成为许多青年学子心目中的圣地。这两座学府一是麻省理工学院,一是哈佛大学。钱学森最先就是在麻省理工学院攻读飞机制造专业并在第二年就获得了硕士学位。

在校学习期间,钱学森对火箭与航天事业产生了浓厚的兴趣,他敏锐地意识到这门新兴科学在未来对一个国家的重要性,于是毅然于 1936 进入加利福尼亚理工学院学习,师从著名科学家冯·卡门教

我国火箭、导弹事业的奠基人和
总设计师——钱学森

钱学森曾就读过的清华大学

授，成为他领导的"古根海姆航空实验室"的研究生。

冯·卡门是匈牙利人，1934年后移居美国，他是当时最为著名的空气动力学专家，也是美国现代火箭事业的创始人之一。在冯·卡门教授的倡导下，以他为首的整个课题组内学术气氛非常自由，每个星期都要举办小型的学术报告会，无论是谁都可以畅所欲言，既可以提出自己的学术观点，也可以批评别人的错误，甚至可以就某个有争议的观点向冯·卡门教授发难，冯·卡门本身就经常和学生们争得面红耳赤。在这种学术讨论会上，钱学森经常能提出具有独特性和创造性的观点，颇为引人注目。

冯·卡门教授很快就发现了这个年轻的中国学生在物理学和数学领域的不可多得的天赋，于是对他的指导格外认真。这位大科学家毫不掩饰他对钱学森的赞赏之情，他对别人这么评价钱学森："他在许多数学问题上和我一起工作，我发现他非常富有想象力。他具有天赋的数学才华，而且能成功地将它与准确的洞察自然现象中的物理模型的非凡才能结合在一起。他和我是亲密的同事。"

这并不是什么溢美之词，而事实上，钱学森对冯·卡门的研究的确提供了很大的帮助。他们一起提出了高超声速流动理论，而以他们的名字命名的"卡门—钱"公式至今仍然在高亚声速飞机设计中被广泛应用。

在古根海姆实验室，钱学森开始对火箭技术进行深入研究。他与另一位志同道合的研究生马林纳一起发起成立了一个民间性质的火箭研究小组，不懈地进行着实验和研究。他们在开始时常面临经费不足，无法购买足够设备的窘境，于是他们就亲自动手制作，在简陋的条件下完成了许多实验。由于客观条件所限，他们的实验室中时有爆炸发生，经常让整个大楼都充满了有毒气体，以至于他们的实验小组被加州理学院的师生戏称为"自杀俱乐部"，而其实验室也成了校园内的独特风景。就是在如此艰难的实验环境下，他们热情百倍地工作着，有时甚至是冒着生命危险来工作。他们在这些实验中观察到许多全新的现象，积累了大量的实践经验，为日后进一步的研究打下了良好的基础。事实证明，就是这个"自杀俱乐部"的研究和实验工作，在日后大大推进了高速气体动力学和喷气动力学的发展。

1938 年，为了更好地进行实验，钱学森和马林纳在帕萨迪纳的阿洛约塞克搭建了一个火箭发射台，这也是全美国第一个比较正规的火箭发射台。这时战争的阴云已经逐渐笼罩在人们的头上，因此火箭研究小组的研究工作开始受到美国官方的重视，美国空军向他们提供了经费和实验场地等多方面的支持。实验小组的条件得到了极大的改善，这更激起了他们研究的热情。战争期间，美国军方加大了对这个小组的投入，可以说战后美国火箭技术之所以能够迅速发展，和这一时期钱学森等人为之打下的研究基础有很大关系。

二次大战刚刚结束，冯·卡门教授被授予少将军衔，领导一个军事代表团去德国考察、研究并接收德国的火箭研究机构和设备。在这个代表团里自然也少不了钱学森，他作为冯·卡门教授的重要助手也被授予了美军的上校军衔，顺便说一句，这也是中国公民在美国军队中获得过的最高军衔。在德国，美军代表团审讯了身为战犯的近代流体力学奠基人、著名空气动力学科学家路德维希·肖朗特，而有资格参加这次审讯的只有三个人，钱学森就是其中之一。其实与其说是审讯，不如说是几个著名学者在一起研讨火箭研究的技术问题。这次"审讯"也使钱学森有机会了解到了当时火箭研究的最尖端和最成熟的科技。

1947 年，钱学森被提升为教授，这也是加州理工学院最年轻的终身教授，这一年他只有 36 岁。此时的钱学森已经是公认的国际著名火箭、航天学科的专家。他和冯·卡门一起参与了美国空军火箭远景发展规划的制定。

美国人对钱学森的工作给予了高度的评价，并且给予他一家极其优厚的待遇。然而，钱学森的心中从来没有忘记东方那片令他魂牵梦萦的故土，当新中国成立的消息传来的时候，他作出了一个重大决定：回中国去！

美国政府使用了种种手段阻挠钱学森回国：先是借口他的行李中有不能携带出境的书籍推迟其回国日期，继而污蔑他是"外国共产党间谍"将其逮捕入狱，释放后又禁止他接触任何机密资料，实际是将他软禁起来。在对他进行迫害的同时，美国政府又多次以丰厚的物质利益引诱钱学森放弃回国的念头。总之，是绝对不让他离开美国半步。用当时美国海军次长金布尔的话

来说，就是："我宁肯把他枪毙，也不能放他回中国。他知道的实在太多了，无论在什么地方，这家伙都值五个师！"

中国政府在得知了钱学森的情况后，立即通过外交渠道与美国进行了严正交涉，要求美国政府立刻停止对这位杰出科学家的迫害，并允许他离开美国，返回祖国；钱学森的同事、朋友也四处为他奔走呼号，同时许多有正义感的著名科学家在得知了钱学森的遭遇后，纷纷公开发表声明，谴责美国政府这种逼迫的做法，要求他们尊重科学家的选择。在这些热心人的帮助下，在中国政府的积极努力下，1955 年秋天，钱学森终于踏上了祖国的土地。

对此，一位美国将军评价说："（放钱学森回国）是美国政府做的最愚蠢的事。"加州理工学院院长的话在幽默中又透出几分无奈："我们都知道，他回国不是去种苹果的。"

回国后，钱学森立刻投入到建设我国自己的火箭、航天事业的工作中去。他在中国的火箭、导弹、航天等事业的建设中发挥了极其重要的作用，作出了巨大的贡献。

卡门—钱公式

所谓"卡门—钱公式"，又称"卡门—钱学森法"，是由被誉为"航空航天时代的科学奇才"的匈牙利犹太人冯·卡门和他的学生钱学森在 1939 年推出的。这个公式是由冯·卡门提出命题，然后由钱学森做出结果。"卡门—钱公式"，第一次发现了在可压缩的气流中，机翼在亚音速飞行时的压强和速度之间的定量关系。通俗地说来，就是当飞机的飞行速度接近每秒为 340 米的音速时，空气的可压缩性对机翼和机身的升力的影响究竟有多大，"卡门——钱公式"回答了这个问题，准确地表达了这种量的关系，并且为实验所证明。

向宇宙进军的根据地

XIANG YUZHOU JINJUN DE GENJUDI

　　航天工程是人类最伟大最庞大的工程之一，它需要集中众多的财力和人力，这就需要成立专门机构来管理与实施。

　　美国国家航空航天局，简称 NASA，是美国负责太空计划的政府机构。总部位于华盛顿哥伦比亚特区，拥有最先进的航空航天技术，它参与了包括美国阿波罗计划、航天飞机发射、太阳系探测等在内的航天工程。

　　欧洲航天局（欧空局）是在 1975 年由一个政府间会议设立的，目标是专门为和平目的提供和促进欧洲各国在空间研究、空间技术和应用方面的合作。欧空局各成员国必须参加强制性的科学和基础技术方案，但自行决定对地球观测、电信、空间运输系统、空间站和微重力方面的各个任选方案的贡献。

　　俄罗斯联邦航天署（RKA）原为俄罗斯航空航天局。现在的 RKA 诞生于苏联解体后，其总部位于莫斯科附近的星城，承担了航天员训练与航天器发射任务。RKA 所使用的技术与发射台都来自苏联时期的航天项目。

　　发射航天器必须使用推力足够大的运载火箭才能完成，而火箭的发射升空则必须在发射场完成，这和飞机升降必须要有飞机场一样。

　　不过，火箭发射场的构造、设施以及它所完成的工作等可比飞机场要复杂得多。发射场本身也是科学实验中心。关于发射场，有好多学问蕴含其中，我们将在下面进行这方面的介绍。

美国国家航空航天局

1958 年 10 月 1 日，美国正式把国家航空咨询委员会（NACA）改组为国家航空航天局（NASA）。原来的国家航空咨询委员会在 1915 年成立，它之所以要改组成国家航空航天局，是为了扩大这一机构在航天方面的职责，以加速实现美国赶上苏联卫星的计划。根据美国总统艾森豪威尔 1958 年 4 月 2 日向国会提出的咨文，成立国家航空航天局的目的是：①扩大人类对大气层和宇宙空间方面的知识。②改进飞机的用途、性能、安全性和效率。③发展能携带武器、设备和生物进入宇宙空间的飞行器。④保持美国在航空和空间技术方面的领先地位。⑤向政府部门提供有军事价值或军事意义的研究成果。⑥与其他国家合作，从事空间研究成果的和平利用。⑦最有效地利用美国的工程力量，以及避免设备建设的重复。NASA 在行政上直属总统领导，是美国政府系统中主要的航空航天科研机构，在研究和探索发展方面向有关单位提供有价值的科研成果，并负责航空航天技术咨询工作。该局以民用航宇科研为主，也为军用航宇服务；自 1958 年以来以空间科研为主，航空科研所占比重较小。

NASA

由于 NASA 在军用、民用航空和宇航方面所担负的任务，它的协作面非常广泛，它与国防部的计划分析与鉴定部、高级研究计划局有着密切的联系；与陆、海、空军有共同的合作计划；与政府其他部门如能源部、气象局和工业部门有各种合同关系。NASA 的研究成果直接转让给国防部、各航空制造公司、联邦航空局以及其他有关机构。NASA 对各航空制造公司设计新飞机和联邦航空局适航性鉴定提供技术基础。

目前美国国家航空航天局的年度预算为 160 亿美元，总部位于华盛顿哥伦比亚特区。美国国家航空航天局的视野是"改善这里的生命，把生命延伸到那里，在更远处找到别的生命"。美国国家航空航天局的目标是"理解并保护我们赖以生存的行星；探索宇宙，找到地球外的生命；启示我们的下一代去探索宇宙"。在太空计划之外，美国国家航空航天局还进行长期的民用以及军用航空宇宙研究。美国国家航空航天局被广泛认为是世界范围内太空机构的领头羊。

机构设置

NASA 在行政上直属总统领导，由局长总体负责。NASA 是在两个层次的基础上实施管理，局总部管理和战略事务部管理。局总部对全局负有领导责任，协调局内外工作，执行 NASA 的对外成本核算和联络，制定该局长远规划、年度计划，实施预算集成，制定 NASA 的发展战略、长期投资战略、NASA 政策和标准。监督各研究中心的技术管理工作；检查各阶段工作进展和完成情况；保证执行经国家批准的计划。NASA 建立了六个战略事务部，分管 NASA 的主要业务领域，以实现 NASA 的任务和更好地服务于客户。它们分别是：航天飞行部（约翰逊航天中心、肯尼迪航天中心、马歇尔航天飞行中心、斯坦尼斯航天中心）；航空航天技术部（下属艾姆斯研究中心、德莱登飞行研究中心、兰利研究中心、戈兰研究中心四个研究中心）；地球科学部（下属戈达德航天飞行中心）；空间科学部（下属喷气推进实验室）；生物和物理研究部和安全与任务保障部。每个战略事务部都有自己的一套战略目标、目的和为满足主要客户需求的执行措施。战略事务部负责确定客户需求并确保所有客户满意。各事务部会同分管业务的副局长确定其工作方向，负责制定各事务部的长期投资战略、预算、项目资源分配和性能评估、政策和标准，执行 NASA 的政策。

NASA 总部下辖 10 个研究中心：戈达德航天飞行中心（Goddard Space Flight Center）、约翰逊航天中心（Lydon B. Johnson Space Center）、肯尼迪

肯尼迪航天中心

航天中心（John F. Kennedy Space Center）、马歇尔航天飞行中心（George C. Marshall Space Flight Center）、斯坦尼斯航天中心（John C. Stennls Space Center）、艾姆斯研究中心（Ames Research Center）、德莱登飞行研究中心（Dryden Flight Research Center）、兰利研究中心（Langley Research Center）、戈兰研究中心（Glenn Research Center）和喷气推进实验室（Jet Propulsion Laboratory），其中喷气推进实验室是 NASA 的合同运作单位。

NASA 总部下辖进行航空科研工作的单位，主要有 5 个，现分别介绍如下。

（1）艾姆斯研究中心，

（2）戈兰研究中心，John H. Glenn Research Center at Lewis Field，

（3）兰利研究中心，Langley Research Center（LaRC），

（4）喷气推进实验室，Jet Propulsion Laboratory（JPL），

（5）德莱登飞行研究中心，Dryden Flight Research Center

人员与经费

NASA1994 年度雇员为 24731 人，到 1999 年减少到 21000 人。1994 年度经费为 145.5 亿美元，1995 年度经费为 143 亿美元。2001 年经费为 142.5 亿美元。2002 年，NASA 有雇员 18800 多人，其中总部有 1200 多人、约翰逊航天中心 2900 多人、肯尼迪航天中心 1800 多人、马歇尔航天飞行中心 2700 多人、斯坦尼斯航天中心约 300 人，艾姆斯研究中心 1500 多人、德莱登研究中心约 600 人、兰利研究中心 2300 多人、戈兰研究中心 1900 多人，戈达德航天飞行中心 3300 多人。从业务领域来看，从事人类航空航天探索与开发的有 6700 多人，从事空间科学的有 2453 人，从事生物与物理研究的 1200 多人、从事地球科学的 1800 多人。

科研活动

地球气象在航空技术方面，主要从事以下四方面的工作：①空气动力：紊流学、翼型、超音速飞行等。②推进技术：燃烧与燃料、噪声及其传播、计算流体力学、涡轮机械部件研究。③材料与结构：复合材料、高温材料、动态加载与气动弹性、结构分析等。④航空电子学和人素工程：制导/导航、航空电子学、飞行管理和模拟技术。

NASA 的长远目标：在利用航空航天技术以满足国家需要方面起领导作用；利用新型空间远距离通信能力于公众服务事业；保持美国民用和军用航空优势；继续进行科学探索以及加强对宇宙、太阳系和地球环境的了解；人造卫星的应用，人造卫星研究和技术发展；将航天技术和知识转移以用于一般工业。目前 NASA 主要的研究范围和研究目标包括以下几个方面。

航空航天技术：实现航空航天领域技术和工程革命，开发更加先进、更加安全的航空技术，增强运载能力，降低辐射和噪声；革新航天运输系统，降低成本，增强安全性并进行商业开发。

人类航天探索与开发：探索空间前沿，开发能够让人类永久工作和生活空间，对宇宙进行商业开发，分享探索带来的经验和益处。

地球科学：开发一个了解地球科学系统，探索它对于自然环境变化和人类活动情况的反应，提高气候、天气和自然灾害预测水平。

宇宙科学：负责与天文有关的项目，研究太阳系以及太阳活动对地球的影响等。

研究课题和领域

1957 年苏联第一颗人造地球卫星上天后，美国组建了国家航空航天局，对发展美国的航空航天事业起了重大作用。美国国家航空航天局的研究课题内容广泛，以航天为主。在航空方面的研究课题主要有超声速技术、飞机节能技术等；在航天方面主要配合几个大型工程，如阿波罗工程、天空实验室、航天飞机等开展研究。它通过科研课题、合同、计划等形式与国防部、高等院校、工业企业的研究机构保持密切的关系。它下辖的研究中心和实验室有十几个，如戈达德航天中心、肯尼迪航天中心、喷气推进实验室等。但科研工作 80% 以上委托局外各单位进行处理。研究成果以 NASA 出版物形式发表。出版物有《技术报告》、《技术札记》、《合同户报告》、《技术备忘录》、《技术译文》、《特殊出版物》等。

美国太空总署的年度预算为 160 亿美元，总部位于华盛顿哥伦比亚特区。在太空计划之外，美国太空总署还进行长期的民用以及军用航空宇宙研究。

NASA 从事的研究领域：航空学研究及探索，包括空间科学（太阳系探索、火星探索、月球探索、宇宙结构和环境），地球学研究（地球系统学、地球学的应用），生物物理研究，航空学（航空技术），并承担一定的培训计划。

科研发现

美国国家航空航天局2009年7月21日证实，木星在过去相当短一段时间内再次遭遇其他星体撞击，使木星南极附近落下黑色疤斑，撞击处上空的木星大气层出现一个地球大小的空洞。

木星新出现的这处空洞由澳大利亚业余天文爱好者安东尼韦斯利于20日上午从澳大利亚最初观测发现。美国航天局位于加利福尼亚州的喷气推进实验室随后展开观测活动，并借助设于夏威夷的空间红外望远设备捕捉到了木星空洞及疤痕静态画面。喷气推进实验室天文科学家格伦奥顿说："疤痕可能因彗星撞击所致，但有待进一步证实。"喷气推进实验室宇航员雷格弗莱彻告诉美国《新科学家》杂志，木星黑斑"约等同于一个地球大小"。

观测并拍摄到木星新空洞的澳大利亚天文爱好者韦斯利现年44岁，正业是一名计算机程序编写员。澳大利亚媒体报道，韦斯利从小就喜欢天文观测，此次发现木星空洞的工具是架设在他家后院内的一台14.5英寸折反射望远镜。韦斯利20日在互联网上刊登了他拍摄的照片及拍摄记录。他说，当天他首先观测到木星南极处出现一个"黑点"，原本以为是木星"极暴"，但随着木星自转，他发现黑点为立体空洞状，随即推翻"极暴"猜测转而判定为撞击痕迹。木星为液态行星，是太阳系八大行星中体积和质量最大的一颗。1994年7月16日至22日，一颗名为苏梅克—列维9号的彗星与木星迎头相撞，成为人类史上第一次直接观测到的天体相撞。

那次彗木相撞产生相当于20亿枚原子弹爆炸的威力，产生直径达10千米、温度达7000℃的火球，形成地球大小的尘埃云团，在木星表面衍生的黑斑存在了数月之久。《纽约时报》报道，美国航天局仍在继续追踪观测木星，以获取更多信息，包括证实撞击物究竟是彗星还是其他物质。由于此次相撞的时间很可能与15年前的彗木相撞重合，科学家还希望研究其间是否存在某种规律。

欧洲航天局

欧洲航天局（European Space Agency，ESA）是一个欧洲数国政府间的空间探测和开发组织，总部设在法国首都巴黎。

欧洲航天局（esa）

欧洲航天局的前身，欧洲航天研究组织（European Space Research Organization，ESRO）经过 1962 年 6 月 14 日签署的一项协议，于 1964 年 3 月 20 日建立。如今它仍旧是欧洲航天局的一部分，称为欧洲航天研究与技术中心（European Space Research and Technology Centre，ESTEC），位于荷兰的诺德惠克（Noordwijk）。

除捷克外，欧航局现有 17 个成员国，它们分别是德国、奥地利、比利时、丹麦、西班牙、芬兰、法国、希腊、爱尔兰、意大利、卢森堡、挪威、荷兰、葡萄牙、英国、瑞典和瑞士。另外，加拿大和匈牙利等国也参与了该机构的一些合作项目。法国是其主要贡献者。欧洲航天局与欧盟没有关系，欧洲航天局包括了非欧盟国家如瑞士和挪威。卢森堡和希腊将于 2005 年 12 月加入。欧洲航天局共有约 1700 名工作人员。发射中心是位于法属圭亚那的圭亚那发射中心。由于其相对于赤道较近，使卫星发射至地球同步轨道较为经济（同质量下所需燃料较少）。控制中心位于德国的达姆施塔特。

机构设置

（1）设在巴黎的总部，政治决定在此作出；

（2）设在荷兰诺德韦克的欧洲航天研究和技术中心，它是欧空局的主要技术机构，大多数项目小组以及空间科学部和技术研究和支助工程师在此工作。欧洲航天研究和技术中心还提供有关的试验设施；

（3）设在德国达姆施塔特的欧洲航天空间操作中心，它负责所有卫星操作以及相应的地面设施和通信网络；

（4）设在意大利弗拉斯卡蒂的欧洲航天研究所，它的主要任务是利用来自空间的地球观测数据；

（5）设在德国 Porz – Wahn 的欧洲航天员中心，它协调所有欧洲航天员活动，包括未来欧洲航天员的培训。

欧空局还对设在库鲁的欧洲航天港圭亚那航天中心作出贡献。

项　目

伽利略定位系统（Galileo positioning system）：计划中的卫星定位系统。

火星快车号（Mars Express）：火星探测器。

罗塞塔号航天探测器（Rosetta space probe）：2004 年发射的彗星探测器。

哥伦布轨道设备（Columbus orbital facility）：国际空间站的一个科学实验室。

ATV：即自动转移航天器（Automated Transfer vehicle），一种可与国际空间站的"进步"号太空船（Progress spacecraft）相比的太空货船。

Hipparcos：空间的天体测定任务。

Smart1：新推进技术试验。

织女星：计划中的小有效载荷运载火箭。

金星快车：金星探测卫星，2006 年 4 月 11 日发射。

ESA 也是将于 2006 年回到地球，载有给予未来人类消息的 KEO 卫星计划的发起者之一。

科学任务

欧空局空间科学方案已经执行了一系列非常的项目，例如 Giotto 飞行任务及其 1986 年与哈雷彗星的相遇、1992 年与格里格—斯克耶列洛普彗星的相遇；测绘星体的 Hipparcos 飞行任务，它很精确地测量了 100 多万颗星体的距离和位置；以及欧空局用暗物摄影机和太阳电池阵列参加了美国航天局哈勃空间望远镜项目。

开发中的主要项目有：X 射线多镜头飞行任务，定于 1999 年发射；Cluster – 2，它定于 2000 年由"联盟"号火箭发射；国际伽马射线实验室，定于 2001 年由"质子"号火箭发射；Rosetta，这是一次与彗星汇合和进行实地臭氧分析的飞行任务，定于 2003 年发射；远红外空间望远镜 FIRST，定于 2005 年 ~ 2006 年发射。

欧空局向几内亚海湾上空的地球同步轨道发射了六颗第一代 Meteosat 卫星航天器，自1997年年底以来提供了连续的气象数据。这个系列中的最后一颗卫星，即1997年9月3日在库鲁由阿里亚娜发射的 Meteosat – 7，将使其覆盖期延长到正在与欧洲气象卫星应用组织合作研制的第二代 Meteosat 卫星第一个航天器能够在2000年之后提供地球静止数据为止。

ENVISAT 飞行任务处理地球科学领域中的一系列问题，从气候和环境、化学、海洋学和冰川学到人类活动（陆地改造过程、沿海改造过程以及大气和海洋污染）的影响和监测意外自然事件（例如水灾和火山爆发）。欧空局正在与欧洲的地球观测主要参与者，例如欧洲联盟委员会、欧洲气象卫星应用组织、用户和产业界的代表密切合作，为未来的欧空局地球观测方案制定战略建议。在世界这一级，欧空局打算继续加强特别是与中国、印度、日本、俄罗斯联邦和美国的联系。

欧空局研制了两个系列的业务卫星：租给欧洲通信卫星组织的欧洲通信卫星和租给国际流动卫星组织（前称国际海事卫星组织）的海洋通信卫星。1989年欧空局还发射了奥林匹斯试验通信卫星来演示通信和广播中的新用途。

在卫星导航方面，欧空局正在与欧洲联盟委员会和 Eurocontrol 密切协作研制 EGNOS，这是一个将补充现有的全球定位系统和全球轨道导航卫星系统的欧洲卫星导航系统。

发射装置

阿里亚娜火箭

欧洲航天局成立伊始，它就把发展火箭技术当做首要目标，为此由11个国家参与组建，成立了阿里亚娜空间公司。

它最早的型号是"阿里亚娜1"型火箭，这种火箭能将1.85吨的有效载荷送入地球同步转移轨道，或将2.5吨有效载荷送入轨道高度为790千米

阿里亚娜火箭

的太阳同步圆轨道。

现在阿里亚娜火箭已经过渡到 5 型家族时代，它是被广泛使用的型号。"阿里亚娜 5"型火箭是欧洲航天局为了适应市场需求，大力改进开发的火箭品种，跟上几个型号的发展历程近似，"阿里亚娜 5"型火箭也走过了一段曲折不平的道路。

1996 年 6 月 4 日，首次发射因火箭导航电脑系统发生故障而失败；1997年 10 月 30 日，第二次发射又因火箭发动机提前关闭致使两颗模拟卫星未能进入预定轨道；2001 年 7 月 12 日，第 10 枚"阿里亚娜 5"型火箭在发射时，火箭最高级推进器提前熄火，导致两颗卫星没能送入预定轨道。直到 2002 年3 月 1 日，第 11 枚"阿里亚娜 5"型火箭的发射才取得了成功。

研制"织女星"火箭

"织女星"火箭构想图

在 2005 年以前，欧洲航天局就意识到，他们需要一种发射推力不高的火箭，这种火箭应该是"阿里亚娜"火箭的小弟弟，它已被列入研发日程，但是这种火箭却不从属于"阿里亚娜"家族，这种火箭的名字叫做"织女星"。

"织女星"火箭具有较小的推力，它全长 30 米，直径 3 米，发射重量为 130 吨。"织女星"运载火箭将由 4 个推进级组成，包括 3 个固体推进级和 1 个可重新点火的液体推进级。按照最早的设计思路，它主要用于发射小质量的地球观测卫星和各种科研卫星。该火箭可以将 1.5吨的有效载荷送入距地高 700 千米的极地轨道，或将 1.2 吨的有效载荷送入距地高 1200 千米的太阳同步轨道。

国际合作

为了实现其空间目标，国际合作是欧洲空间政策的中心内容之一。欧空局不但与美国、俄罗斯和日本等传统的航天国家合作，而且还与新兴的航天国家和发展中国家合作。

最重要和最持久的合作显然是与美国航天局的合作。欧空局还参与了与俄罗斯和俄罗斯航天局的协作项目，例如1994～1995年的欧洲"和平"号飞行。另外，已经与日本建立起了重要而具体的合作关系，主要是在数据中继卫星和国际空间站硬件交换领域。

欧空局还与捷克共和国、希腊、匈牙利、波兰和罗马尼亚签订了合作协议，正在空间科学、地球观测和电信等领域与这些国家进行技术一级的培训和联合项目。

欧空局与新兴空间国家和发展中国家制订和进行了一些相互感兴趣的项目，援助它们开发自己的空间活动。欧空局还不定期地组织与空间应用有关的区域培训班。

欧空局与欧洲的其他国际组织密切协作，特别是与在空间活动中日益活跃的欧洲联盟和欧洲气象卫星应用组织在未来气象方案方面的协作。此外，它注视着联合国许多专门机构的工作。联合国和平利用外层空间委员会是欧空局的一个重要论坛，它在该委员会中具有观察员地位。欧空局还与外层空间事务厅保持密切联系；根据第二次联合国探索及和平利用外层空间会议的一项建议，这两个实体制订了一个重要的培训和研究方案。

发射场的选址条件

事实上，火箭发射场最理想的位置是选在地球赤道附近，这是因为从赤道发射卫星可以充分利用地球自转所获得的最大初速。因为发射场离赤道越近，则初速度越大；相反，如发射场偏离赤道越远（即纬度越高），则初速度越低。

例如，在赤道上，运载火箭的初速度为465米/秒，而在位置偏北的俄罗斯普列谢茨克航天发射场，初速度仅为210米/秒。所以在同等条件下，俄罗斯航天发射场必须用重型运载火箭才能完成的任务，而在赤道附近的发射场只需用中型运载火箭就能胜任。

陆上发射场由于国界和居民点等原因，其发射方位受到限制。即使位于

海边或近海岛屿的发射场，由于船舶航线或渔场的关系，发射也会受到限制。例如，日本的航天发射场临近渔场，因此，他们同渔业公会订有协议，一般在渔业旺季不得发射卫星。然而，对于设在大洋深处的海上发射场，上述种种麻烦可以统统避免。

除此之外，火箭发射场应尽量远离居民稠密的居住区，以免给人们正常的工作、学习和生活造成影响，一旦发射失败，也不会给附近居民造成不应有的损失（包括经济损失和生命财产损失）。故火箭发射应选择合理的发射区、回收区、落区和禁区。如果从技术等多方面考虑，发射场选址还应满足如下几点要求：

自然条件良好

（1）地势平坦、开阔，便于场区的合理布局，有利于降低建场的工程造价和发射时的跟踪观察。

（2）地质结构稳定，避开地层断裂带和地震区，查明是否有可供开采的矿藏和其他自然资源。

（3）具有好的水质、供水条件和丰富的水源，以保证发射活动中大量用水的需要。美国肯尼迪航天中心发射台的冷却供水系统，要求每分钟能够提供3.25吨冷却用水。苏联/俄罗斯的拜科努尔发射场（现属哈萨克斯坦，由俄罗斯租用）曾为了解决水源问题开凿了一系列深水井和蓄水池。

（4）具有较好的气象条件，即晴天多、雷雨少、气温变化小、风速和湿度低。因为气象条件的好坏将直接影响航天器的发射、回收、着陆、测量跟踪、设备的维护保养，甚至影响发射窗口的选择和发射场的利用率。

有良好的航区

航区是指航天器起飞至入轨这一段的飞行路线下的地面区域。航区应尽量避开人口稠密区、重要的工业区和军事要地等，以防飞行失事或完成任务的运载工具坠落造成严重的生命财产损失。同时，航区应尽可能延伸，以满足各种发射任务的需要。能满足发射各类倾角航天器的射向要求，这也是提高发射场利用率的重要因素之一，但一般很难做到。

具有方便的交通运输条件

保证运载工具、航天器、推进剂和各种器材、设备和生活物资等的运输。美国航天飞机的外挂燃料箱，直径 8.38 米，长 47 米，除在场区总装外，整体运输只能靠海运。航天飞机发射场建在海边，满足了这一要求。

具有良好的供电和通信条件

航天器在发射前要完成大量测试等准备工作，实施发射和发射后的跟踪测量、数据处理等也需要强大的电力和良好的通信条件。良好的供电和通信条件，是发射场具有活力的重要因素之一。

有利于环境保护

运载工具和航天器所用的推进剂及其废液处理，发射时的声震等，都会对周围地区造成污染。美、俄等国的发射场建在海边或沙漠、沼泽地区，环境污染问题容易得到解决。

具有布设测控站的有利地理位置和工作环境

测控站是航天器发射后，对其进行测量控制的重要的地面机构和设施，是航天发射场建设中的一个重要方面，因此其选址不可忽视。

有良好的社会依托和未来发展的适应性

对于成千上万的发射场工作人员来说，搞好发射后勤和生活保障亦十分重要，故在建发射场前须对所在地经济状况进行调查。

另外，随着航天事业的发展，发射场可能需要扩建和改建，这在选址和建发射场初期就应予以考虑，比如如何利用现有技术力量、工作经验、设备和设施等进行改造扩建，怎样才能节省费用和器材等。美国的航天飞机发射场就是在现有发射场的基础上改建和扩建起来的。

当然，建发射场还有许多要考虑的因素，如国家间关系、外交问题等等。同时满足上述各项是较难的，必须根据具体情况决定取舍。应以主要问题为主，其他问题可以采取措施进行补救。

综上所述，火箭发射场的选址受到多种因素的制约。世界上各方面条件

都较为优越的发射场应首推设在赤道上的法属圭亚那的库鲁航天中心。目前，其商业卫星发射承担业务量占世界发射总量的60%以上。

为何天文台多造成圆顶

一般房屋的屋顶，不是平的就是斜坡形的，唯独天文台的屋顶与众不同，远远望去，银白色的圆形屋顶好像一个大馒头，在阳光照耀下，闪闪发光。为什么天文台多造成圆顶结构呢？

将天文台观测室设计成半圆形，是为了便于观测。在天文台里，人们是通过天文望远镜来观察太空，天文望远镜往往做得非常庞大，不能随便移动。而天文望远镜观测的目标又分布在天空的各个方向，如果采用普通的屋顶，就很难使望远镜随意指向任何方向上的目标。这样，用天文望远镜进行观测时，只要转动圆形屋顶，把天窗转到要观测的方向，望远镜也随之转到同一方向，再上下调整天文望远镜的镜头，就可以使望远镜指向天空中的任何目标了。另外，在圆顶和墙壁的接合部装置了由计算机控制的机械旋转系统，使观测研究十分方便。

当然，并不是所有的天文台的观测室都要做成圆形屋顶，有些天文观测只要对准南北方向进行，观测室就可以造成长方形或方形的，在屋顶中央开一条长条形天窗，天文望远镜就可以进行工作了。

发射场的组成部分

因为发射场的规模不同、所承担的发射任务不同，以及受客观场地条件的限制，各个发射场不可能有一个统一的最佳结构方案。然而，综合考虑，所有火箭发射场（航天发射场）还是有共同组成部分的，这就是：技术区、发射区、测控系统、技术保障系统、生活区和后勤保障系统区等五部分。如果发射场还用于发射返回式卫星、载人飞船和航天飞机，则应建有回收区和着陆区。但回收区和着陆区可不隶属于发射场。

技术区

技术区是火箭发射场最重要的组成部分。建筑设施配有各种通用和专用技术设备，用来对运载工具和航天器进行验收、存放、组装、测试，也可以用来对运载工具和航天器进行定期检查。

运载火箭等运载工具和航天器在技术区最后组装，并进行单元测试和综合测试，给运载火箭各级助推器和航天器加注高沸点推进剂和充填压缩气体，并把它们对接好，为运往发射区做好准备。对运载工具和航天器来说，技术区起着从制造厂到发射区的中间环节的作用。

目前，大型和超大型的运载火箭和航天器基本都在技术区组装和测试。组装方式与发射的准备工艺技术有所不同，所以技术区的结构与组成也必然不同。比如俄罗斯在技术区采用水平组装、对接、测试，呈水平态运往发射区。而其他国家则有另外的方案，如美国、欧洲空间局和日本则采用垂直组装、对接、测试，垂直整体运往发射区。这两种方案各有特色。

发射区

发射区是用运载火箭对航天器进行发射的场所，配备有一整套为发射服务的专用和通用设备和建筑。它接纳来自技术区的运载工具和航天器，并把它们起竖到发射台上，进行发射前的最后测试（如果垂直整体运往发射区，就不再进行测试）、加注推进剂、充填压缩气体、瞄准和发射。

一个发射场可有多个发射区，各发射区之间的距离要合理，应考虑万一发生事故时，地面设备和运载工具及航天器的安全，也要考虑发射噪声的影响。

测控系统

测控系统范围较广，它是设置在发射区和航区上的一系列地面测控站和海上专用的测量船，用以测量航迹、发送指令、接收和处理运载工具和航天器发来的遥测信息。对发射区来说，测控系统除了对运载工具起飞和飞行的初始段跟踪测量外，更重要的是为确保场区安全，要提供安全控制信息。对一个综合性大型航天发射场，场区测控站的布局应考虑既能适应不同倾角的发射跟踪要求，也能满足各个发射区的测控要求，尽可能使测控设备得到最

充分的利用。

技术保障系统

技术保障系统是发射场开展工作的神经中枢，是为进行技术准备和事后处理服务的。

生活区和后勤保障系统区

后勤通常包括：供水、供电、供气；通信系统；机场、码头、铁路和公路等交通运输系统；推进剂的生产和贮存区；物资和生活用品供应的集散区；工作人员居住区。特别是地处荒僻的航天发射场，生活区的建设尤其重要（俄罗斯的拜科努尔发射场的生活区已完全城市化，而且已经发展成一个航天科学城，居住有几万人；中国的西昌发射场，位于四川盆地的彝海湖畔，现已建成为具有独立生活保障体系的航天城）。

另外，对从事载人航天的发射场来说，它应建有回收区、着陆区和搜索救生系统。

为何天文台多设在山上

世界上公认的三个最佳天文台台址都是设在高山之巅，分别是夏威夷莫纳凯亚山山顶，海拔 4206 米；智利安第斯山，海拔 2500 米；大西洋加那利群岛，2426 米高的山顶。

我国的天文台也大多设在山上。如紫金山天文台，它就设立在南京城外东北的紫金山上，海拔 267 米。北京天文台设有 5 个观测站，其中兴隆观测站海拔约 940 米。云南天文台在昆明市的东郊，海拔为 2020 米。

天文台的主要工作是用天文望远镜观测星星。天文台设在山上，是因为山上离星星近一点吗？不是的。

星星离开我们都非常遥远，地球上的高山一般只有几千米，缩短这么一小段距离，显然是微不足道的。

地球被一层大气包围着，星光要通过大气才能到达天文望远镜。空气中的烟雾、尘埃以及水蒸气的波动等，对天文观测都有影响。尤其在大城市附近，夜晚城市灯光照亮了空气中的这些微粒，使天空带有亮光，妨碍天文学家观测较暗的星星。在远离城市的地方，尘埃和烟雾较少，情况要好些，但是还不能避免这些影响。

越高的地方，空气越稀薄，烟雾、尘埃和水蒸气越少，影响就越少，所以天文台大多设在山上。

世界著名发射场

目前，中国著名卫星发射场有3座：酒泉发射场、西昌发射场、太原发射场。而中国第四座发射场——海南发射场已动工建设。

美国著名发射场主要有3座：肯尼迪航天中心（又称东靶场）、范登堡发射场（又称西靶场）、沃洛普斯飞行中心（在大西洋沿岸一个小岛上）。

俄罗斯著名发射场有3座：拜科努尔发射场、普列谢茨克发射场、卡普斯丁亚尔发射场。

以法国为首的欧洲空间局的著名发射场是设在法属圭亚那境内（位于赤道上）的库鲁发射场。其次是在非洲北部有一座帕勒马希姆内格夫发射场。在东非海边上有意大利的一座圣马科发射场。但后2座远没有库鲁发射场驰名。法国境内还有一个比斯卡罗斯发射场，但较小。

日本是航天国家中的后起之秀，著名发射场主要有2座：鹿儿岛发射场和种子岛发射场。在这两座发射场中又有好多小发射场。

印度是较晚发展火箭技术的国家。最早在西海岸面对印度洋有一座顿巴发射场，后来又在东海岸面对太平洋建立一座新的发射场——斯里哈里科塔发射场。

澳大利亚有一座发射场，叫武麦拉靶场。

日本著名发射场——种子岛发射场

挪威和瑞典各有一个发射场，分别叫安妞那和基律纳靶场。

上述这些发射场大部分都是较大的发射场，也是世界上较为著名的。下面重点介绍几座发射场。

美国肯尼迪航天中心

肯尼迪航天中心位于美国东南方的佛罗里达州东海岸的梅里特岛上，南与卡纳维拉尔角的空军东靶场毗邻，占地面积 560 多平方千米，射向东南，濒临大西洋，是美国本土最靠近赤道的地方。

该航天中心始建于 1962 年 7 月（1947 年便开辟成火箭试验发射场），是美国最大的载人航天器和各种民用航天器的发射基地，第一艘"阿波罗"号登月飞船就是于 1969 年 7 月 16 日从这里用"土星5"号运载火箭发射的。

该航天中心南北长 56 千米，东西宽 20 千米，中心包括技术阵地和发射阵地两大部分。技术阵地建有火箭、卫星及飞船组装和检测厂房，其中装配大楼十分显眼，高 160 米，容积为 360 万立方米，楼内配有各类先进测试、记录和显示仪器；发射阵地距技术阵地为 5000 米远，设有发射控制中心和发射台。该航天中心有 23 个发射阵地，最著名的是 39 号发射阵地，有 A、B 两座发射台。

这里地处海边，属海洋性气候，全年最低气温约 17℃，最高约 27℃，气温宜人，晴天较多，但全年大部分月份湿度很大，盐碱腐蚀严重，这给中心的仪器设备的保养增加了难度；5 ~ 10 月雨量较大，并经常有风暴掠过，雷暴较多，6 ~ 8 月雷暴最为强烈，该中心极为重视雷暴对发射的影响。

肯尼迪航天中心所使用的发射设施一部分是由原来试验导弹用的发射设施改建而成；另一部分是为航天发射专门建造的，分布在梅里特岛、卡纳维拉尔角和范登堡空军基地。建在东海岸的 39 号发射场是 1966 年为实施"阿波罗登月计划"建造的，后经改建用于发射航天飞机。

运载工具和航天器发射前的准备工作，在测试厂房的一个活动发射台上，直接按发射状态进行总装和测试。这样做的好处是：总装和测试的环境条件可以控制，工作质量容易保证；比较容易做到按时发射；一次完成测试，避免了工作重复；在厂房内可同时准备几种运载工具，节省人力和减少设备上的重复；缩短了运载工具在发射场上的停留时间，提高了发射场的利用率；发射前的准备工作不受气象条件影响。

俄罗斯拜科努尔发射场

拜科努尔发射场是苏联（俄罗斯）三大发射场之一，是最大的发射场。它位于哈萨克斯坦境内的锡尔河畔，处在北纬46°，东经63°20′。

它始建于1955年初，世界上第一颗人造地球卫星、第一艘载人飞船、第一位女航天员和第一个对月球背面摄影的探测器，都是从这里发射的。无论从发射场规模，还是从发射导弹和航天器的数量来讲，它不仅是苏联（俄罗斯）最大的发射基地，也是世界上最大的发射基地。

俄罗斯最大的发射场——拜科努尔发射场

该发射场的正南20千米处是丘拉塔姆镇，故此西方称它为丘拉塔姆发射场。镇上有莫斯科到塔什干的铁路干线通过。拜科努尔镇在发射场的东北，相距288千米（当时苏联把发射场命名为拜科努尔发射场，是为了迷惑西方国家）。这里地势较低，平均海拔90米左右，为半沙漠草原地区，人烟稀少，属大陆性气候，气温变化较大，全年气温变化在－39℃—45℃之间，年平均降雨量仅60毫米左右，最大风速可达25—30米/秒。冬季寒冷，常有暴风雪侵袭；夏季炎热，平均气温为26.1℃。

在军事导弹试验方面，包括各种洲际导弹的部分射程和全射程试验、导弹分系统研制试验和武器系统试验、多弹头试验和从地下井中进行冷发射试验，以及部分轨道轰炸系统（进入太空，绕地球飞行不到一周的导弹）试验和反导弹、反卫星试验等。从1957年到1992年底，仅洲际导弹试验就进行了约1100次。

和其他发射场类似，拜科努尔发射场主要由发射区、技术测试区、测控站、后勤保障生活区、弹着区和回收区几部分组成。发射场呈Y形布局，东西长约137千米，南北宽约88千米，面积为6717平方千米。航区跟踪站和运载火箭各级的落区，分布在目前的哈萨克斯坦、俄罗斯、土库曼斯坦和乌兹

别克斯坦四国境内，共 104000 平方千米的区域内。生活区被命名为列宁斯克城。

库鲁航天发射中心

库鲁是欧洲空间局的航天港，它位于南美洲东北海岸的法属圭亚那境内。该发射中心地理位置坐标为北纬 5°14′，西经 52°46′，北临大西洋海岸，位于库鲁地区，故称库鲁航天发射中心，又称圭亚那航天中心。

该发射中心由法国国家航天中心领导。1966 年动土兴建，1968 年 4 月启用。该中心自然条件较好，离赤道线极近，有利于火箭的发射。该地区处于非地震区，气象条件优越，是典型的热带气候。气温变化在 19℃～35℃之间，年平均气温为 27℃，晴天较多，经常刮东北风，但风力不大，也无飓风侵袭。

从地理位置上看，库鲁是全球最佳的卫星发射地点，它可以把卫星向东射入大西洋上空，能得到地球自转的助推，而且向北和向东的海面上有一个很宽的发射弧度。由于这个地方位于赤道之上，所以用同一种火箭把卫星送入赤道上空轨道时，可比在美国卡纳维拉尔角发射多载 15% 的重量。

自 1968 年至今，该中心已进行大量的航天发射活动。第一次发射的是一枚"威鲁尼克"号探空火箭。此后，开始执行"钻石"号和"欧洲"号运载火箭发射，现在主要用于发射"阿里亚娜"系列运载火箭。该中心自启用至 1995 年底，包括气球、探空火箭在内，共进行了 497 次发射活动，其中"阿里亚娜"系列运载火箭自 1979 年 12 月 24 日首次发射至 1995 年底，共进行了 80 次发射。中心的工作人员有 1400 多名。这里是法国和欧洲空间局从事航天发射活动的重要基地。

值得指出的是，库鲁发射中心不仅有固定发射台，还有活动发射台，设施很先进。库鲁发射中心发射条件较好，射向向大西洋延伸。进行赤道轨道、极地轨道和太阳同步轨道发射时，均无需采取专门的安全保障措施，是一个开展航天发射活动的极好场所。美中不足的是，运载火箭要从欧洲远渡重洋运到这里。

库鲁航天中心的主要设施沿着大西洋海岸线分布，包括技术中心、探空火箭发射区、"钻石"运载火箭发射区和"阿里亚娜"运载火箭发射区。

中国卫星发射场

我国是继苏联、美国、法国和日本之后的第五个具有独立发射航天器能力的国家，1985年进入国际商业卫星发射服务市场，用"长征"系列运载火箭承揽外星发射服务。目前，除去在建的海南发射场，我国已有酒泉、西昌、太原三个卫星发射中心。其中，西昌卫星发射中心在国际上最为驰名。

西昌卫星发射中心于1983年建成，位于我国低纬度的四川省西昌地区。发射中心总部设在西昌市，发射区在该市西北约60千米的山区，海拔1800米左右，发射点坐标为东经102°01′、北纬28°16′。

这里属于亚热带气候，全年风速不大，无霜期长，有明显的旱、雨季之分，每年6—9月为雨季。因此，每年10月到次年5月是最佳发射季节。

这里的交通也很方便，成昆铁路和川云公路都从此通过，还有直接通往发射区的专用铁路和公路，距发射区45千米的西昌机场，可起降波音747和C—130型大型飞机。

中国著名卫星发射场——西昌发射场

发射中心有安宁河穿过，可谓是人杰地灵之处。

西昌卫星发射中心是我国发射地球静止卫星为主的航天发射基地，用"长征3"、"长征3A"、"长征2E"等型号运载火箭发射通信、广播、气象实验和应用卫星。这里是我国距离赤道较近的一个发射场，中心于1984年开始启用，该发射中心发射了我国第一颗实验通信卫星、应用通信广播卫星及应用通信卫星。1990年4月7日，中心用"长征3"号运载火箭成功地把一颗美国制造的"亚洲1"号通信卫星送入地球同步转移轨道。截至2003年年底，该发射中心共发射了国内外卫星30多颗，是我国发射外星的主要基地。近年来在国际卫星发射市场上已占有一席之地，约占总发射量的10%。

西昌卫星发射中心由技术测试区、发射区、指挥控制中心、跟踪测量站以及通信、气象等技术勤务系统组成。

酒泉卫星发射中心是我国科学卫星、技术实验卫星和运载火箭的发射试验基地之一。使西方国家感到震惊和全国人民为之欢欣鼓舞的我国第一颗人

造地球卫星"东方红1"号，就是从这里发射的。它始建于1958年，是我国建场最早的一个发射场，被誉为中国航天第一城。

酒泉发射中心坐落于甘肃省酒泉市东北海拔约1000米的戈壁滩边缘地区，占地面积约2800平方千米，中心地理坐标为东经100°21′、北纬41°21′。这里地势平坦，人烟稀少，气候干燥少雨，全年大约有300

酒泉卫星发射中心

天可供进行发射试验的好天气。

如上所述，酒泉是我国最早的发射场，早期的人造地球卫星都是在此升天的。这里的发射条件为：射向东南，可把卫星送入轨道倾角为41°—70°范围的中、低轨道，也可以进行运载火箭的发射试验。这里是中国发射近地轨道卫星的摇篮。

该中心自1970年4月用"长征1"号运载火箭成功地发射了我国第一颗卫星之后，几十年来，共进行了30多次卫星发射，其中包括返回式卫星、科学探测和技术实验卫星，并为国外提供了卫星搭载服务。1987年8月5日和1988年8月5日分别为法国和前联邦德国搭载了实验装置。该发射中心还进行了一系列的导弹和运载火箭试验，为我国航天事业的发展和航天科技人才的培养作出了重大的贡献。

争先恐后的航天大国

ZHENGXIANKONGHOU DE HANGTIAN DAGUO

    说起航天大国，我们首先要提到是苏联，1957 年，苏联发射了世界上第一颗人造卫星；1961 年，加加林一马当先登太空，成为"宇宙哥伦布"；1963 年，第一位女宇航员捷列什科娃乘"东方 6"号飞船上天；1965 年，宇航员列昂诺夫首次进行太空漫步；1986 年发射了"和平"号核心舱，建设了世界上第一个宇宙空间站……

    1965 年美国发射的"水手 4"号成为首个抵达火星轨道的探测器。1969 年把阿姆斯特朗送上月球，引起全世界的关注。1976 年美国的"海盗 1"号在火星着陆并首次传输了火星图片。

    英国自 1957 年到 1991 年，共发射卫星 21 颗，主要是军事通信卫星、民用通信卫星和科学探测卫星。在欧洲仅次于英国的就是法国，但是它却于 1965 年发射了人造地球卫星，成为第三个能够自行研制和发射卫星的国家。自 1970 年至 2000 年底，日本共发射各种卫星约 70 颗，数量仅居美、俄（苏联）之后。

    1970 年，我国自行研制的第一颗人造地球卫星发射成功；1975 年，成功发射了一颗自行研制的返回式卫星，成为第三个能回收卫星的国家；2003 年，中国宇航员杨利伟问鼎苍穹；2008 年，中国宇航员翟志刚进行了太空漫步，成为世界上第三个掌握出舱技术的国家。

    1975 年，印度第一颗自制卫星从苏联的火箭发射场发射成功。1980 年，印度第一次用自制的运载火箭发射卫星成功，成为世界上第六个具有独立卫星发射能力的国家。

捷足先登的苏联

20 世纪 40 年代中期，苏联和美国都相继提出研制人造卫星的计划。由于美国政府沉浸在经济的高速增长中，认为有了原子弹和先进的飞机就足够了，所以没有大力支持人造卫星的计划，而苏联的研制工作却一直在政府的支持下秘密进行着。因为苏联政府十分清楚，先于美国把卫星送入太空具有极大的意义，这将使苏联的国际威望得到空前的提高。

1957 年是国际地球物理年，许多研究太空现象的科学家都认识到了卫星对于太空的价值，并建议有关国家应在此期间发射人造地球卫星。于是，苏、美两国都开始实施自己的卫星发射计划。可由于美国的研制力量比较分散，在 1957 年 9 月发射"先锋"号，火箭起飞后仅 2 秒就一头栽下，惨遭失败。而苏联的发射却步步推进，虽几经挫折，终于在 1957 年 8 月成功地发射了可改装成运载火箭的洲际弹道导弹 P—7。随后，他们把 P—7 加以改进，于是就成了可以发射卫星的运载火箭"卫星"号。

为了抢在美国之前发射卫星，苏联决定将原来准备的卫星推迟发射，而改为发射简易卫星。

1957 年 10 月 4 日，"卫星"号运载火箭挣脱了大地的怀抱，托着世界上第一颗人造地球卫星向太空飞去，不久便遨游在茫茫天宇中。几个小时后，苏联的新闻媒体便公布了震惊全球的消息：从苏联领土上成功地发射了世界上第一颗人造地球卫星。随后，人们听到了这颗名为"卫星 1"号的卫星在太空中发出的无线电波。一个月后，苏联又发出爆炸性新闻，"卫星 2"号载着一只叫"莱伊卡"的小狗遨游太空。

1962 年，苏联发射了第一颗照相侦察卫星；1963 年，又发射了第一颗气象卫星。在以后的时间里，苏联在民用卫星方面主要发展了通信卫星系列、导航卫星系列、地球资源卫星系列、电子卫星系列和微重力卫星系列；而在军事应用卫星中，苏联主要发展了侦察卫星系列、电子卫星系列、导弹预警卫星系列，以及军事通信卫星、测地卫星、军事导航卫星和反卫星卫星等。

仅从 1957 年到 1984 年的 20 多年时间里，苏联发射的各种类型的卫星共达 2011 颗，每年发射的侦察卫星约为 40 颗，而通信卫星则每年发射约 30 颗，是世界上发射卫星最多的国家，其中军事应用卫星占了 80% 以上。

在大力发展卫星的同时，苏联还发展了载人飞船。1961 年 4 月 12 日，苏联发射了世界上第一艘载人飞船"东方"号，2 年后又发射了"上升"号飞船。

"上升"号计划是苏联"东方"号计划的后续载人航天计划，它所使用的"上升"型飞船为"东方"型飞船的改进型，呈球形。此次计划的主要目的是试验载 2 人的飞船系统，继续考察航天员在太空中的工作能力，以及考察航天员之间相互配合的能力。

在计划实施过程中，苏联领导人赫鲁晓夫得知美国准备搞载 3 人的航天飞行计划，便立即要求抢先发射载 3 人的飞船。可由于新研制载 3 人的飞船来不及了，所以后来只得拆掉载 2 人的"上升"型飞船中的弹射座舱。但这样座舱容积仍然不够用，于是进一步让航天员冒险不穿臃肿的舱外活动航天服。

1964 年 10 月 12 日，"上升 1"号首先载着身患心脏病的弗·米·科廖罗夫、康·彼·费奥克蒂托夫和鲍·叶戈罗夫 3 名航天员进入轨道，绕地球飞行 16 圈，历时 24 小时 17 分，争得了载多人太空飞行这个"第一"。不过这也使科罗廖夫进一步病入膏肓。

这时，苏联又得知美国在"双子星座"计划中安排有太空行走的内容。为了抢得这个"第一"，科罗廖夫机灵应对，在"上升"型飞船的壁上开一个口，安装一个气闸室，供航天员进行太空行走时出入座舱之用。当发射时，气闸室呈折叠状，用一个保护锥保护，入轨后保护锥被抛掉，气闸室充气膨胀，完成任务后抛弃。由于出舱到太空行走的航天员，是一定要穿舱外活动航天服的，所以飞船无论如何只能载 2 人飞行了。

1965 年 3 月 18 日，"上升 2"号飞船载着阿·阿·列昂诺夫和帕·伊·别列亚耶夫进入太空。在绕地球飞行的第二圈时，列昂诺夫系着保险绳，走出舱座，破天荒地在空旷的太空中游荡了 10 分钟，但在进入座舱时却花了 12 分多钟，险些进不了舱。

"上升 2"号在太空飞行 26 小时，于 3 月 19 日返回地面，整个"上升"号计划结束。值得一提的是，苏联在深空探测方面也做了不少工作。如从 1959 到 1976 年，苏联共发射了月球探测器 24 个。1966 年 2 月 3 日，"月球 9"号探测器成功地进行了月球表面的软着陆。随后苏联又发射了金星、火星探测器。

苏联解体后，现在的俄罗斯继承了它的航天发展计划，努力保持其在航天领域里的优势。尽管俄罗斯经济不太景气，但它仍然大力发展自己的航天事业。自 1992 年到现在，它一直活跃在世界航天市场上，在世界航天发展的热潮中处于领先地位。

人造卫星

卫星，是指在宇宙中所有围绕行星轨道上运行的天体，环绕哪一颗行星运转，就把它叫做哪一颗行星的卫星。比如，月亮环绕着地球旋转，它就是地球的卫星。"人造卫星"是科学家用火箭把它发射到预定的轨道，使它环绕着地球或其他行星运转，以便进行探测或科学研究。围绕哪一颗行星运转的人造卫星，我们就叫它哪一颗行星的人造卫星，比如最常用于观测、通讯等方面的人造地球卫星。

人造卫星基本按照天体力学规律绕地球运动，但因在不同的轨道上受非球形地球引力场、大气阻力、太阳引力、月球引力和光压的影响，实际运动情况非常复杂。人造卫星是发射数量最多、用途最广、发展最快的航天器，其发射数量约占航天器发射总数的 90% 以上。

不甘落后的美国

虽然在苏联研制卫星的同时，美国也在积极地准备，但还是落在了苏联之后。当苏联的卫星上天后，美国急急忙忙于 1957 年 12 月 6 日发射了一颗卫星——"先锋1"号，卫星重量只有 1.4 千克，可是没有成功。直到 1958 年 1 月，美国才把 14 千克的"探险者1"号送入太空。自此以后，美国的卫星发射数量在不断地增加，而且也占了好几个世界第一。

1958 年 12 月 18 日，美国发射了世界上第一颗通信卫星"斯科尔"号，并通过它向大西洋两岸国家播放了艾森豪威尔总统的圣诞节录音。

1960 年 4 月 1 日，美国发射了第一颗气象卫星"泰罗斯1"号；

1960 年 4 月 13 号，发射了第一颗导航卫星"子午仪1B"号；

1963 年 2 月 14 日，美国又发射了第一颗地球同步轨道试验通信卫星"辛康 1"号……

事实上，美国发射的卫星主要也是用于军事目的，如侦察卫星系列、电子情报卫星系列、国防通信卫星系列、国防气象卫星系列、军事导航卫星和军事海洋监测卫星、全球定位卫星等。在民用卫星方面，美国主要发展了如气象卫星、陆地卫星、海洋卫星、通信卫星、星际探测器等。

美国的航天技术与苏联相比，可谓后来居上。在苏联 1961 年 4 月 12 日把世界上第一名宇航员加加林送上天的不到一个月的时间里，美国便于 1961 年 5 月 5 日发射了"水星"飞

20 世纪 60 年代的美国总统艾森豪威尔

船，也把一名宇航员送入太空，而且它首先用一艘飞船把 2 名宇航员送入太空，这点比苏联人领了先。

同时，美国在航天飞机的研制和实际应用上，也大大超过了苏联。最为壮观的当属美国人的"阿波罗"登月活动。从 1969 年 7 月到 1972 年 12 月，美国人 6 次成功的登月飞行，先后把 12 名宇航员送上月球，这是一项在人类历史上了不起的创举。

从 1958 年到 1984 年，美国发射人造地球卫星 923 颗，仅次于苏联。而美国研制的照相侦察卫星的地面分辨率达到 0.3 米，通信卫星的容量达到 12000 多条话路。

在深空探测方面，美国不甘落后，1958～1968 年间先后用"先驱者"号、"徘徊者"号等探测器探测了月球，同时还发射了火星探测器和木星探测器等。

通信卫星

1965 年 4 月 6 日美国成功发射了世界第一颗通信卫星"国际通信卫星 1"号。通信卫星是世界上应用最早、应用最广的卫星之一，许多国家都发射了通信卫星。

通信卫星一般采用地球静止轨道，这条轨道位于地球赤道上空 35786 千米处。卫星在这条轨道上以每秒 3075 米的速度自西向东绕地球旋转，绕地球一周的时间与地球自转一周的时间相等。因此从地面上看，卫星像挂在天上不动，这就使地面接收站的工作方便多了。接收站的天线可以固定对准卫星，昼夜不间断地进行通信，不必像跟踪那些移动不定的卫星一样而四处"晃动"，使通信时间时断时续。

它的"投递"覆盖面特别大，一颗卫星就可以负责 1/3 地球表面的通信。现在，通信卫星已承担了全部洲际通信业务和电视传输。

欧洲劲旅——英、法

英国的航天技术发展得也比较早，在欧洲算是首屈一指的。当然和美、苏相比还有一段距离。

英国自 1957 年到 1991 年，共发射卫星 21 颗，主要是军事通信卫星、民用通信卫星以及科学探测卫星。

在欧洲仅次于英国的就是法国，共发射卫星 10 多颗，主要是通信卫星。另外，法国的对地观测卫星"斯伯特"的性能非常优良，可与美国的同型号卫星媲美。

势头强劲的日本

日本的第一个航天计划开始于 1955 年，而其航天事业则主要集中在无人火箭和人造卫星两个领域。1970 年，日本发射了第一颗人造卫星，但只有 1/

4 的零部件是本国制造，其他都来自美国的公司。仅过了 10 年，日本便在 1981 年成功发射了自主研究的通信卫星。

20 世纪 90 年代，日本的卫星种类已经相当丰富，但是发展过快的日本航天业终因基础不足导致事故频发。这不仅造成重大经济损失，更重要的是毁损了日本在商业卫星发射市场中的声誉。

2005 年 2 月，日本成功发射本国设计的 H—2A 火箭，把一颗通信卫星送入轨道，从而向恢复航天计划的可信性迈进了一大步。4 月，日本宇航探索局公布了 2025 年的长期计划，该计划旨在发展本国载人航天飞行，同时研发高超音速液氢燃料运输能力，2 小时内以 5 马赫速度飞越太平洋。

最近，日本宇宙开发机构还设立了"宇宙无限制实验室"，以促进把民用技术转向航天领域，目前已经选定了用西川起居公司的被褥开发宇航员寝具；用松下电工公司的长寿灯开发太空船里的照明等项目。

宇宙大爆炸学说

宇宙大爆炸学说是根据天文观测研究后得到的一种设想。大约在 150 亿年前，宇宙所有的物质都高度密集在一点，有着极高的温度，因而发生了巨大的爆炸。大爆炸以后，物质开始向外大膨胀，就形成了今天我们看到的宇宙。大爆炸的整个过程是复杂的，现在只能从理论研究的基础上描绘过去远古的宇宙发展史。在这 150 亿年中先后诞生了星系团、星系、银河系、恒星、太阳系、行星、卫星等。现在我们看见的和看不见的一切天体和宇宙物质，形成了当今的宇宙形态，人类就是在这一宇宙演变中诞生的。

正在崛起的中国

新中国成立以来，我国的航天事业在迅速地发展壮大，并取得了举世瞩目的成就。

1970 年 4 月 24 日，我国自行研制的第一颗人造地球卫星"东方红 1"号一次发射成功。该卫星的重量为 173 千克，比在这之前任何国家发射的第一

我国自行研制的第一颗人造地球卫星——
"东方红1"号

随后，我国在卫星发射上捷报频传。1971年3月3日，我国发射了"实践1"号科学试验卫星。

1975年11月26日，我国又利用"长征2"号运载火箭成功地发射了第一颗自行研制的返回式卫星，卫星在轨道运行3天后安全准确地返回地面。这充分说明我国已经掌握了卫星的回收技术。该举又使我国成为世界上继苏联、美国之后，第三个能够回收卫星的国家，这个纪录一直保持至今。

更值得我们骄傲的是，自那以后至1975年，我国连续14次都发射回收成功，这14连冠的成绩在世界火箭发射史上也是不多见的。

1981年9月20日，我国用1枚运载火箭发射了3颗卫星。卫星入轨后分布在不同的轨道上。当时，我国一箭三星技术的突破在世界上引起了很大的轰动。

1984年4月8日，我国利用"长征3"

颗卫星都重。

当清澈悦耳的东方红乐曲响彻太空时，真好像是五星红旗在太空飘扬。它向全世界宣告，中国人民有能力依靠自己的力量研制和发射卫星。我们终于实现了祖先千百年来的梦想，并实现了卫星发射零的突破，使我们国家成为继苏联、美国、法国、日本之后第五个能够独立研制和发射卫星的国家。

"长征2"号运载火箭

号运载火箭成功地发射了地球同步轨道的试验通信卫星，并于同年 4 月 16 日准确地把卫星定点于东经 125°的赤道上空。发射地球同步轨道卫星的技术难度更大，地球同步轨道卫星的发射成功，充分说明了我国的航天技术又达到了一个新的高度。

2003 年 10 月 15 日，中国首飞航天员杨利伟问鼎苍穹，浩瀚太空从此有了中国人的身影。

2 年后，中国将 2 名航天员成功送上太空。从"一人一天"到"多人多天"，中国载人航天又向前迈出了一大步。

2008 年 9 月 27 日下午，随着"神舟 7"号飞船轨道舱舱门的徐徐开启，中国航天员翟志刚穿着中国研制的"飞天"舱外航天服进入茫茫太空，并挥舞国旗向人们致意。太空舞动的五星红旗告诉世界：中国，正式成为第三个掌握出舱技术的国家。而此时，距中国决定实施载人航天工程只有 16 年。

"长征 3"号运载火箭

不可小觑的印度

虽然印度有着几亿贫困人口，但其火箭航天技术却早已超过了曾是其宗主国的英国。早在印度成为欧洲人的殖民地几百年以前，火箭就从其邻国中国传入了这个国家。1792 年，入侵的欧洲人在塞林加巴坦战役中与印度火箭遭遇，当时印度人向英军发射了大量火箭。印度的作战火箭主体是绑有导向竹竿的铁管，射程超过 1000 米。

最初的经验

1963 年 11 月 21 日，印度首次获得了关于火箭的实际经验。当时美国宇

航局从印度境内发射了一枚美国制造的奈克—阿帕奇小型高空火箭。有趣的是，箭首仪器舱是用自行车驮运到发射地点的。

在随后的 12 年里，竞相对印度施加影响的美国、英国、法国、苏联从印度的顿巴赤道火箭发射场先后发射了 350 多枚地球物理研究火箭。印度基于在这期间学到的经验建成了自己的航天科技中心，并开始自行研制火箭。印度设计和研制的第一枚火箭是"罗西尼"号固体燃料火箭，它使用火药发动机，直径为 75 毫米。1967 年 11 月 20 日，该火箭携带 1 千克重的科研仪器发射升空，高度达 9000 米。然后印度人又研制了 RH—100、RH—125、RH—300 火箭。1974 年研制了 RH—560 火箭。

在随后的 1975 年 4 月 19 日，印度在苏联的帮助下终于"迈入太空"：印度第一颗卫星"阿里亚巴塔"号在苏联卡普斯京亚尔航天发射场由苏联"宇宙 3"号运载火箭送入太空。而在此前的 2 年时间里，印度空间研究组织已经开始研制自己的轻型火箭。

起步阶段

在 20 世纪 60 年代，还是一名大学生的印度前任总统阿布杜勒·卡拉姆在美国学习期间接触了"侦察兵"小型固体燃料运载火箭的设计技术资料。"侦察兵"实际上是印度首枚太空火箭 SLV—3 的原型。在 40 年后，一些西方媒体据此妄言印度早期所有的火箭—航天技术装备都是仿造美国的产品。

1979 年 8 月 10 日，印度在斯里哈里科塔岛靶场进行了 SLV—3 火箭的首次发射。飞行指挥者是阿布杜勒·卡拉姆。但这次发射因控制活门堵塞，致使火箭最终坠毁在孟加拉湾，以失败告终。

1980 年 7 月 18 日，SLV—3 火箭进行了第二次飞行，将"罗西尼"号人造地球卫星送入太空。该卫星重 35 千克，为向金字塔形过渡的八棱柱形。但印度并未止步于这颗"争气星"，1981 年 5 月 30 日又发射了第三枚火箭 SLV—3—D1。火箭前三级工作正常，但第四级分离不彻底，因而携带电视摄像机的 38 千克重的 RSD1 卫星未进入预定轨道，9 天后停止工作，后以失败而告终。

1983 年 4 月 17 日，第四次发射取得成功，将 41.5 千克的第三颗"罗西尼"卫星 RSD2 卫星顺利送入轨道。这颗卫星随后向地面传回了地球图像。

SLV—3 火箭和最初几颗卫星的研制成功标志着印度航天事业初创阶段的

结束，此后进入了下一阶段——太空的实际利用阶段。

稳步前进

新阶段印度火箭航天活动的特点是将航天活动成果应用于日常生活。这一时期研制的 ASLV 新型五级运载火箭包括经过改进的 SLV—3 的核心部分（中段）和 2 台捆绑式固体燃料起飞加速器（以 SLV—3 的第一级为基础）。在 1987 年、1988 年 2 次发射失败后，于 1992 年成功地将 150 千克的 SROSSC 卫星送入轨道。

随后印度又研制了四级运载火箭 PSLV 极地卫星运载火箭，它重 295 吨，可将重近 4 吨的载荷送入低轨道或将 800 千克的载荷送入地球静止轨道的转移轨道。PSLV 火箭于 1993 年 9 月 20 日进行了首次发射。该型火箭主要用于向大倾角（极地）低轨道发射卫星，这种轨道特别适于地球遥感、气象、导航卫星。

印度后来又在 PSLV 的基础上研制了功率最大、最先进的 GSLV 运载火箭，它发射重量大约 400 吨，能将约 2.5 吨重的载荷送入地球转移轨道，将 5 吨重的载荷送入低轨道。

GSLV 的主体是继承于 PSLV 运载火箭的中央固体燃料级，其周围环绕着 4 个捆绑式液体加速器，而后者则采用"维卡斯"发动机。该发动机是按许可证生产的"阿里安"火箭上的"北欧海盗"发动机。第二级也用了该型发动机。但该火箭的特别之处在于其最后一级即第三级采用了液氧和液氢燃料，如此一来，则能为火箭提供强大的能量。

现在，印度已经不再习惯于依赖外国，决定独立掌握低温发动机技术。

1998 年，印度国产氧氢发动机进行了首次试验。

2007 年 1 月，完全配套的低温级进行了试验。就在此前不久，美国宇航局局长麦克尔·格里芬正式访问了印度韦克拉姆·萨拉巴伊航天中心。他在印度国产低温发动机旁边站立了整整 10 分钟，而 13 年前正是美国人阻止印度从俄罗斯获得这一技术。

在成功地进行测试之后，2007 年底，GSLV Mk II 火箭做好了发射装备。印度工程师克服了大量的技术问题，研制出丝毫不逊于俄罗斯原型的发动机，而且印度火箭低温级的重量比俄罗斯 12КРБ 火箭的低温级轻 100 千克。

但制造火箭不是最终目的，火箭的任务是将各种卫星送入轨道。印度是

世界上能独立生产和发射地球同步通信卫星的为数不多的几个国家之一。此外，印度还能发射地球遥感和地图测绘卫星。印度 2007 年的计划是制造并发射重 2180 千克的 Gsat—4 技术演示卫星，用于试验 GANGAN 空间导航系统。

此外，印度还将航天技术装备直接用于解决保健和教育领域的社会问题。印度 2007 年 1 月发射的 INSAT—2C 卫星将为 300 个农村远程教育中心提供服务，未来计划在印度全境建成 10000 个这样的远程教育中心。青年们在这些远程教育中心可进行 10 个月的学习，然后在萨贾巴姆大学实习。学业结束时大学将向实习人员颁发正式文凭。除了电视电话会议视频设备，还将为乡村配备电视医疗设备，护士可通过这些设备向专家咨询。

印度在航天技术领域所取得非凡成就的另一个证明是：2006 年，印度赢得了为欧洲制造和发射通信卫星的合同。

载人航天计划

现在，我们正成为印度航天发展第三阶段的见证者。该阶段始于 2006 年 10 月 17 日发生的一个重要事件：印度空间研究组织向政府总理提交了关于将印度航天员送入太空的可能性的报告。根据该报告，在有充分资金保障的情况下，印度计划在 2014 年 ~2015 年进行第一次载人航天飞行。如果印度空间研究组织的宏伟计划能够顺利实现，印度人就可能于 2020 年登上月球。印度计划独立完成这两项任务。印度总理总体上批准了科学家们的宏伟计划。2006 年 11 月 7 日印度科技界在班加罗尔召开会议前夕，宣布了本国载人航天飞行计划。印度空间研究组织主席马达万·奈尔称，印度最优秀的科研组织将参与该项目。根据预先估算，印度载人航天飞行计划投资 20 亿 ~30 亿美元，而登月计划所需资金还要更多。